信息技术类专业通用教材　　　ⅰ教育·融合创新一体化教材

计算机文字录入与速录
——智能双拼

JISUANJI WENZI LURU YU SULU

主编◎陆　辉　顾瑞华

主审◎沙　申

编委◎韩秀蓉　王富宁　魏　琴　喻晚青　王品方

华东师范大学出版社

·上海·

图书在版编目(CIP)数据

计算机文字录入与速录:智能双拼/黄文达,沙申,陆辉主编.—上海:华东师范大学出版社,2024
ISBN 978 - 7 - 5760 - 4907 - 7

Ⅰ.①计… Ⅱ.①黄…②沙…③陆… Ⅲ.①文字处理 Ⅳ.①TP391.1

中国国家版本馆 CIP 数据核字(2024)第 091724 号

计算机文字录入与速录——智能双拼

主　　编　陆　辉　顾瑞华
责任编辑　蒋梦婷
责任校对　王　晶
装帧设计　俞　越

出版发行　华东师范大学出版社
社　　址　上海市中山北路 3663 号　邮编 200062
网　　址　www.ecnupress.com.cn
电　　话　021 - 60821666　行政传真 021 - 62572105
客服电话　021 - 62865537　门市(邮购)电话 021 - 62869887
地　　址　上海市中山北路 3663 号华东师范大学校内先锋路口
网　　店　http://hdsdcbs.tmall.com

印 刷 者　上海市崇明县裕安印刷厂
开　　本　787 毫米×1092 毫米　1/16
印　　张　5.25
字　　数　83 千字
版　　次　2024 年 6 月第 1 版
印　　次　2024 年 6 月第 1 次
书　　号　ISBN 978 - 7 - 5760 - 4907 - 7
定　　价　26.00 元

出 版 人　王　焰

前　言

　　本书是沪滇两地多位常年在计算机文字录入和速录教学第一线、积累了丰富实践经验的教师和多次获得上海及全国速录竞赛的"打字高手"的经验汇总，以及他们优选训练方法的集锦。

　　当下，产业数字化发展对人才需求的转变引领教育改革，"数字化人才"培养已成为社会各方共同探讨的时代话题。各行各业人员数字化执行力的提高势在必行，而快速的计算机录入能力一直是困扰不少人的核心技能。

　　近年来，随着计算机文字录入与速录技术的发展，基于计算机标准键盘及采用智能拼音方案的双拼输入法逐渐普及。尽管其学习门槛低、性价比高，但不少学校和学习者却因找不到一本理论与实践相结合的指导教材和匹配的练习软件而苦恼。为此，本书应运而生，为大家学习智能双拼速录带来理论和实践的指导。

　　本书以双拼脚本练习和速录测评两个软件为"导航"，以模块化、系列化、脚本化为线索，图文并茂、由浅入深地带领读者从零开始，一步步学会双拼，启动新一代智能双拼速录之旅！

　　编者认为，打字是一门技能，而任何一门技能的学习、养成和练就，仅靠勤学苦练是远远不够的。本书中所提供的各种案例，可以让读者少走弯路。

　　工欲善其事，必先利其器——本书还附带了一些在各学习阶段必备的练习方案和建议，有"分解动作"、有"指定动作"，也有"自选动作"。教学实践证明：这些方案是学习者的"提速利器"，在此一并奉献给各位读者。希望给您带来方便，并请您提出宝贵意见。

创作团队介绍

沙 申

国家劳动部计算机文字录入命题专家

全国计算机速录人才认证培训项目专家组成员

上海计算机基础教育协会理事

上海计算机速录人才有限公司培训部主任

陆 辉

上海市商业学校计算机文字录入与速录资深教师

上海市《中英文录入》市级精品课程建设主要参与者

上海市"星光计划"职业院校技能大赛计算机速录项目冠军指导教师

顾瑞华

云南省语言文字专家库(培训测试)专家

云南省普通话水平测试员

曲靖市中等职业教育学科带头人

曲靖师范学院行业教师

2021年云南省职业院校技能大赛微课制作及讲解一等奖

2021年云南省学校铸牢中华民族共同体意识教育说课比赛一等奖

韩秀蓉

上海市商业学校计算机文字录入与速录资深教师

王富宁

云南省曲靖市麒麟职业技术学校计算机专业教研组长、信息中心主任

中国教师杂志社优秀论文一等奖、云南省职业技能大赛一、二等奖

魏 琴

云南省曲靖市麒麟职业技术学校计算机文字录入与速录资深教师

喻晚青

微软海峡两岸【极品飞手大赛】中英文速录双料冠军

CCTV《机智过人》挑战"灵犀"语音输入中国打字界五大高手

国家教育部2021年【计算机速录】专业教师

王品方

上海市"星光计划"职业院校技能大赛文字录入项目冠军

上海计算机速录人才有限公司培训部专职教师

目　录

模块一　基础篇

有人说:计算机键盘指法是计算机速录基础的基础,此话并不为过。无数事实证明,计算机键盘指法的练就及水平的高低,决定了你今后能走多远。

——本书将用 7 个基本脚本带领您从盲打开始,练就属于您自己的金手指……

掌握一个好的输入法,选择一款性价比高并具备智能搜索引擎和云输入功能的输入法,是当下许多人的诉求。

——双拼就是许多人的首选。但练习软件和资料的匮乏又成了许多人学习路上的拦路虎。本书作者独创开发的双拼脚本练习软件,将一步步引领您走向成功……

项目1 基于计算机标准键盘的指法——学会盲打

● **知识目标**

    1. 计算机标准键盘指法的三要素

    2. 理解计算机标准键盘指法盲打的重要性

● **技能目标**

    1. 掌握计算机标准键盘指法脚本分步练习——学会盲打

    2. 英文和音节码的快速录入——2 键/秒、3 键/秒、4 键/秒

任务1　键盘指法概述——三要素

● **任务分析**

    学会计算机标准键盘指法,就是要达到盲打的境界。学会盲打,就必须要知道和理解键盘指法三要素,然后用科学的方法去实践。

● **知识链接**

    键盘指法三要素即键速、键位、键感。

    键速——评价一个人打字好不好,一般是看其速度和准确率,即键速,常用 N 键/秒来表示。对普通学习者而言,及格为 2～3 键/秒,良好为 3～4 键/秒,优秀为 4～5 键/秒。

    实践证明,人们的键盘水平之所以会参差不齐,是受到两个要素的影响:键位、键感。

    键位——要做到心中有个键盘,它是人们盲打的基础。不会盲打的人,往往是一边打字,一边在找某个键在哪里……顾此失彼,速度根本快不起来。所以,键位的把握是我们每一个学习打字者必须要过的第一关。唯有把盲打解决了,之后的提速才有可能。所以说,盲打是基础的基础。

    键感——即是第一指关节接触键面的感觉,要击键,切忌按键。在第一指关节接触键面的瞬间发力,才能短促有力。众多打字高手的经验显示,还要在平时的练习中不断注意纠正自己的键距(即第一指关节接触键面的距离,为 1～2 cm)和键角(即第一指关节接触键面的角度,应≥75°),才能练出好的

键感。

● **任务实施**

● STEP1.**养成正确的坐姿习惯**

保持正确的坐姿是一个速录师不可或缺的基本素养。初学打字时,一定要掌握良好的打字坐姿。正确的打字坐姿可以提高录入速度,而且对身体各部位有着重要的保护作用。

正确的坐姿如图 1-1 所示:

图 1-1

注意事项:

(1) 屏幕——在你的正前方,屏幕的中心应比眼睛的水平低。

(2) 两臂——自然下垂,手、手腕及手肘应保持在一条直线上。

(3) 大腿——保持与前手臂平行的姿势,双脚轻松平稳地放在地板或脚垫上。

● STEP2.**计算机标准键盘指法**

1. **初识键盘**

位于主键盘区的 26 个英文字母键是我们今后工作的主战场。要学会盲打,首先就要记住它们在键盘上的位置。

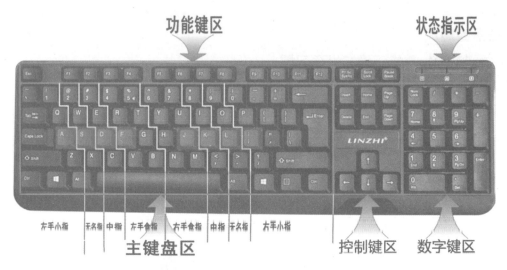

图 1-2

2. 键位——三横四竖原则

要学好盲打,首先必须要了解我们双手十指在键盘上的明确分工,这就是我们前面所述的键位概念。具体来讲,就是三横四竖的原则。

三横:上排——QWER　UIOP

中排——ASDF　JKL;

下排——ZXCV　NM,。

中排又被称为基准键,其中的 F 键和 J 键表面上都有一个小凸起,便于录入员在打字过程中不看键盘,仅凭双手食指触摸就可以对其定位,因此 F 键和 J 键又被称为定位键。

四竖:小指——左 QAZ　右 P;?

无名指——左 WSX　右 OL。

中指——左 EDC　右 IK,

食指——左 RFV　右 UJM

同时,由于我们双手的食指特别灵活,又把 TGB 和 YHN 键分别给予了左手和右手的食指来击打。

任务2　键盘指法基础——三横练习

● 任务分析

通过任务 1,对计算机的标准键盘指法有了一个大致的了解。但这仅仅是理论上的,要学会盲打,必须要双手反复练习,从而达到条件反射。

这里,有两个问题要解决好:

(1) 必须遵循由简单到复杂、由低级到高级的原则。须知,不会爬、不会走,上来就要跑——这种拔苗助长的心态和方法,不仅不能成功,还会浪费时间,多走许多弯路。所以,少走弯路,就是捷径。本任务从三横练习开始。

(2) 必须解决好桥和船的问题。常言道:"工欲善其事,必先利其器"——本书提供的双拼脚本练习软件中的 P 脚本练习以人机对话的方式,针对三横四竖进行科学练习。

- **任务实施**
  - STEP1.P‐1基准键位(中排)练习

右击双拼脚本练习软件,选择"以管理员身份运行",就可以看到如图 1‐3 所示界面。

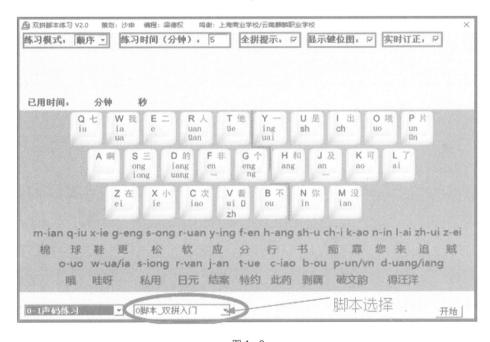

图 1‐3

在"脚本选择"中,通过下拉选项,可以看到 4 个脚本:

0 脚本_双拼入门

1 脚本_双拼进阶

2 脚本_双拼提速

P 脚本_键盘盲打

此时,请选择"P 脚本_键盘盲打",并且通过左边的"分脚本选项"框,选择"P-1 基准键位练习",再点击"开始"按钮,即可开始练习,如图 1-4 所示。

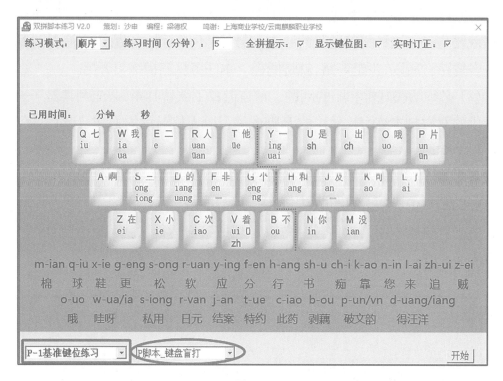

图 1-4

操作中要注意的是,每一题的结束和确认,需要通过按空格键来完成。此处,建议练习者用固定的某个大拇指来按空格键。

软件会记录下练习的全部过程。如果勾选了"实时订正",软件还会在每道题中对错误提示 2 次。练习结束后,程序会给出练习成绩,并在程序的根目录下智能地给出具体的差错内容(BUG 文本),供练习者分析研究,也可将此作为以后针对性订正练习的依据。

练习时,应坚持不看键盘,慢点不要紧,先掌握好键位,以保证正确率。慢慢熟悉后,速度就可以一步步提升了。这就是迈向盲打的第一步,只要这一步走好了,盲打就有了坚实的基础。

每次练习时间为 3～5 分钟,正确率≥98%,速度为 120 字/分钟以上为合格(即 2 键/秒)。

一开始,练习的时间一般为默认的 5 分钟。熟悉以后,进入测试阶段,时间设置可以调整为 2～3 分钟。

注:软件显示的速度单位为"题/分钟",本练习题的击键系数为 2.67。则实际的击键速度＝屏幕显示的速度(题/分钟)×2.67。

每题击键系数的计算,可以通过统计该题的总字数,用总字数除以 2,再除以总行数,即可获得,即击键系数＝(总字数/2)÷总行数。

那么:屏幕显示速度＝22.5 题/分钟＝60 键/分钟＝1 键/秒——入门

屏幕显示速度＝45 题/分钟＝120 键/分钟＝2 键/秒——及格

屏幕显示速度＝67.5 题/分钟＝180 键/分钟＝3 键/秒——良好

屏幕显示速度＝90 题/分钟＝240 键/分钟＝4 键/秒——优秀

练习中,在保证正确率≥98%的前提下,速度达到 22.5 题/分钟以上,然后练习达到 45 题/分钟以上(及格),方可进行下一个脚本的练习。脚本一般练习 3～5 遍即可达标。

- STEP2.P－2 上排键位练习

一个良好的开端是成功的一半——通过以上 P－1 基准键位脚本练习,我们已经对计算机标准键盘有了一个初步的认识,并且拿到了入门的"入场券"。

再次进入双拼脚本练习软件,选择"P 脚本_键盘盲打",并且通过左边的"分脚本选项"框,选择"P－2 上排键位练习",如图 1－5 所示。

在练习中你可以发现,"P－2 上排键位练习"只是"P－1 基准键位脚本练习"的"翻版",只不过是把双手从中排移到了上排。

有了前面 P－1 脚本练习打下的基础,P－2 稍做练习就完全可以达标了。这也是对 P－1 脚本的复习和巩固。

为了提高练习的难度,同时也是为了更好地实现盲打,在初次达标后,不妨把"练习模式"从"顺序"改为"随机",如图 1－6 所示。

同理,在本练习中,在保证正确率≥98%的前提下,速度达到 22.5 题/分钟以上,然后达到 45 题/分钟以上(及格),方可进行下一个脚本的练习。

- STEP3.P－3 下排键位练习

进入双拼脚本练习软件,在"P 脚本_键盘盲打"中选择"P－3 下排键位练习",如图 1－7 所示。

同理,在"顺序"练习基本达标后,请选择"随机"练习模式,进一步提高自己对标准键盘的"盲打"能力。

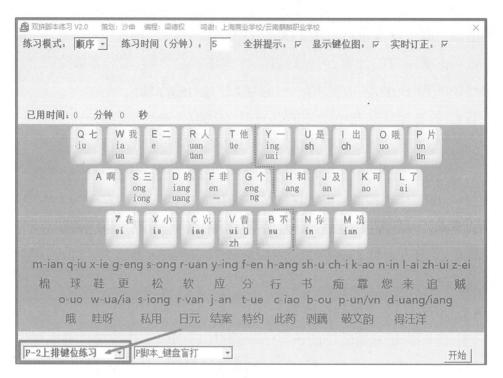

图 1-5

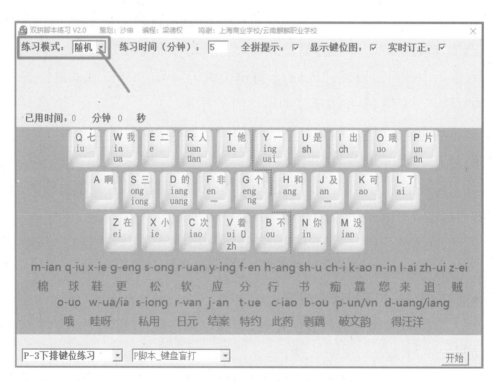

图 1-6

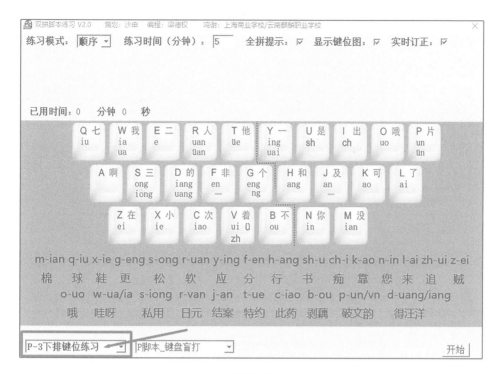

图1-7

以上,键盘指法的三横练习告一段落。下面,将进入计算机键盘指法的四竖练习。

任务3　键盘指法基础——四竖练习

● 任务分析

通过任务2三个脚本的练习,对计算机标准键盘指法的基本键位三横有了比较明确的认识,并且通过练习也有了一定的速度和正确率。为了更好地实现盲打,有必要再从双手左右四指的分工上,即从竖概念上进一步反复练习,从而努力实现条件反射的盲打。

● 任务实施

● STEP1.P-4食指练习

进入双拼脚本练习软件,在"P脚本_键盘盲打"中,选择"P-4食指练习",如图1-8所示。

由于食指更加灵活,随即左右食指承担了各6个、共12个键位。也就是说,键盘指法好不好,食指的功夫占了一半。由此可见练好食指的重要性。

同理,P-4脚本的练习必须及格达标(注:本题的击键系数=5),方可进入

计算机文字录入与速录——智能双拼

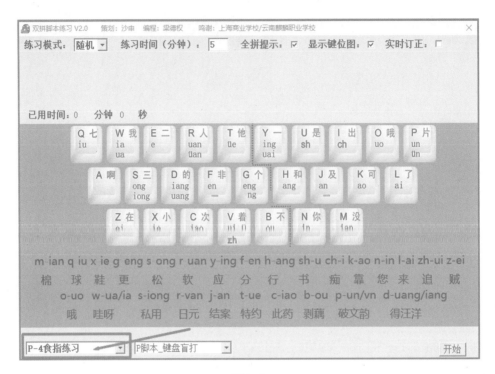

图 1-8

下面 P-5 脚本的练习。

- **STEP2.P-5 中指练习**

中指是四竖的第二个练习,只要管好 EDC 和 IK 这 6 个键就可以了。四竖练习实际上是三横练习的分管单元练习,是对四指分工的强化。

打开软件,在"P 脚本_键盘盲打"中选择"P-5 中指练习",如图 1-9 所示。

同理,P-5 脚本的练习必须及格达标(注:本题的击键系数=3),方可进入下面 P-6 脚本的练习。

- **STEP3.P-6 无名指练习**

无名指是四竖的第三个练习,只要管好 WSX 和 OL 这 6 个键就可以了。

打开软件,在"P 脚本_键盘盲打"中,选择"P-6 无名指练习",如图 1-10 所示。

同样,P-6 脚本的练习必须及格达标(注:本题的击键系数=3),方可进入下面 P-7 脚本的练习。

- **STEP4.P-7 小指练习**

小指是四竖的第四个练习,只要管好 QAZ 和 P;/这 6 个键就可以了。特别要注意的是,由于小指敲击键盘的力度不够,会造成误击,可以用自己的小指在

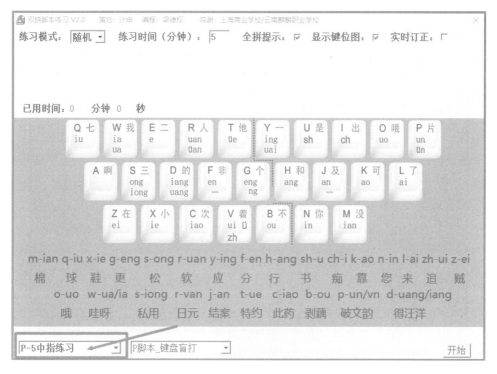

图 1-9

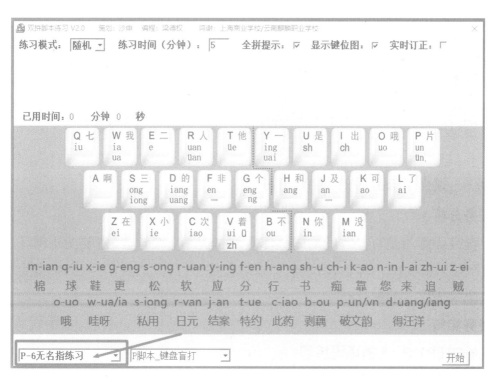

图 1-10

桌面上进行一些弹击训练,以提高自己小指在键盘上的击键力度和准确性,然后再来做这个练习。

打开软件,在"P 脚本_键盘盲打"中选择"P-7 小指练习",如图 1-11 所示。

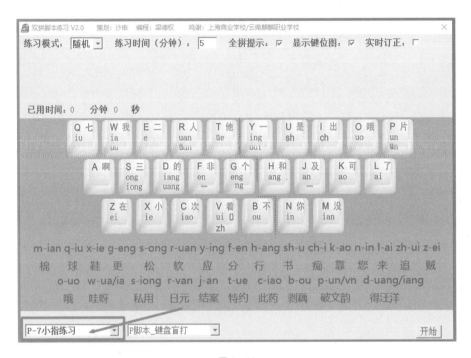

图 1-11

同样,P-7 脚本的练习必须及格达标(注:本题的击键系数=3)。

至此,四竖的脚本练习任务也顺利完成。

通过三横和四竖一共 7 个脚本,完成了盲打入门阶段的练习。

任务4　键盘指法基础——全键盘练习

● 任务分析

全键盘练习是盲打入门后的具体应用和提高。在这里,主要使用循环码练习、声韵码练习和音节码练习 3 个脚本来强化盲打,以达到条件反射,也为今后的汉字录入打下基础。

● 任务实施

● STEP1.P-8 循环码练习

进入软件,在"P 脚本_键盘盲打"中选择"P-8 循环码练习",注意"练习模式"选择先"顺序"再"随机",如图 1-12 所示。

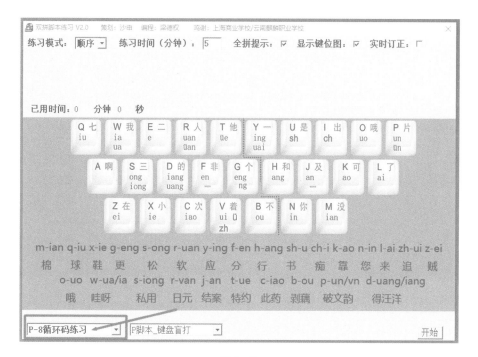

图 1 - 12

　　本脚本的循环码练习实际上就是对 26 个英文字母的练习。对计算机标准键盘已经有了一定的盲打基础,对类似 ABCD……这样的循环码的快速击打,就没有什么问题了。练习者应坚持不看键盘盲打,还要保持一定的速度。

　　同理,本脚本的练习必须及格达标(注:本脚本的击键系数＝3.25),才能进入下面 P - 9 脚本的练习。

● STEP2.P - 9 声韵码练习

　　进入软件,在"P 脚本_键盘盲打"中选择"P - 9 声韵码练习",注意"练习模式"选择先"顺序"再"随机",如图 1 - 13 所示。

　　本脚本的声韵码练习实际上就是对拼音字母的声码和韵码的综合练习。在练习过程中,应该对软件屏幕上出现的各种声码和韵码有一定的了解。

　　同理,本脚本的练习必须及格达标(注:本脚本的击键系数＝2.7),才能进入下面 P - 10 脚本的练习。

● STEP3.P - 10 音节码练习

　　进入软件,在"P 脚本_键盘盲打"中选择"P - 10 音节码练习","练习模式"选择先"顺序"再"随机",如图 1 - 14 所示。

　　本脚本的音节码练习实际上就是拼音音节码双拼码的练习,共计 400 个。在基本掌握了以后,可以运用"练习模式"中的"随机"模式,进一步提高自己的

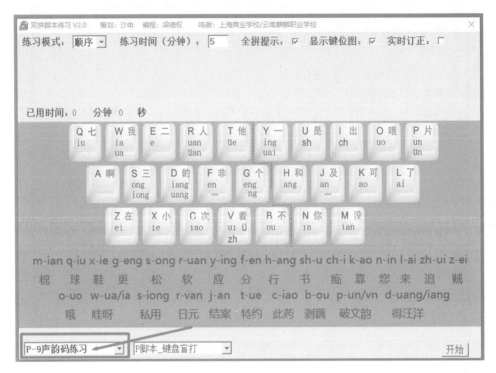

图 1-13

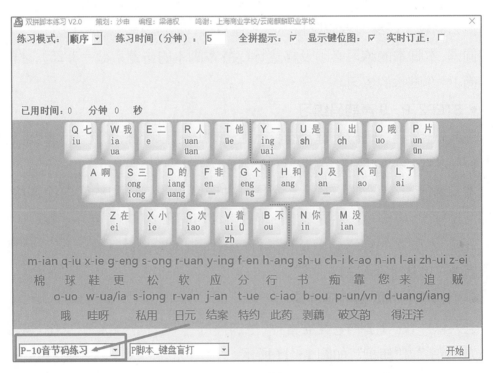

图 1-14

盲打能力,还要保持一定的速度和准确率(本脚本的击键系数=2)。

● **项目拓展**

RapidTyping——键盘打字练习软件

RapidTyping 是一款免费的、专业级别的打字练习软件,如图 1-15 所示。它界面美观,使用简便,可以支持多用户同时登录和练习,还附带分析统计功能以及小游戏。可以直接使用,不需要安装,是一款绿色软件。

图 1-15

● **项目小结**

本项目是基于计算机标准键盘的盲打学习,通过三横四竖 7 个基本脚本的练习,使练习者初步掌握盲打技巧,然后又用 3 个脚本的综合练习强化盲打能力。至此,击键的速度和准确性已经有了较大的提升,再也不用一边打字一边看键盘,找某个字母在哪个键位上了……P 脚本的练习,就是键盘盲打练习的引路人。

这就是键盘指法三要素的第一要素——键位。有了这个基础,就应该在今后的练习中不断提高自己的键感和键速,使自己的键盘技术不断地提高。

要成为一个合格的速录师,必须要有一手好指法。就键速而言,有以下几

计算机文字录入与速录——智能双拼

个考量的标准：

　　入门＝3～4 键/秒

　　初级＝5～6 键/秒

　　中级＝6～8 键/秒

　　高级＝8～10 键/秒

　　作为一个初学者，键速＝2～4 键/秒，就可以进行智能双拼输入法的学习了。

项目 2　基于双拼的中文输入法——两键一个汉字

● **知识目标**

　　1. 理解自然码双拼的原理

　　2. 熟记双拼键位图

● **技能目标**

　　1. 掌握双拼声/韵码脚本分步练习——60 字/分钟

　　2. 快速录入 400 个音节码——60 字/分钟

任务 1　自然码双拼入门——全拼＆双拼

● **任务分析**

　　双拼和全拼有什么区别？学双拼难吗？这是许多想要学习双拼的人首先遇到的问题。

● **知识链接**

　　1. 全拼 ＆ 双拼

　　全拼是汉语拼音输入法的一种编码方案。通过全拼输入汉字时需要输入汉字的全部拼音（包含声母和韵母，通常不包括音调），击键次数比双拼、简拼多，因此输入效率较低，主要是电脑初学者使用。它的好处是，几乎没有什么学习成本，一般具有初步汉语拼音知识就可以学会和应用。

　　双拼是一种建立在拼音输入法基础上的输入方法，可视为全拼的一种改进,实质上就是汉语拼音输入法的一种优化和简化的编码方案。将汉语拼音中含多个字母的声母或韵母映射到某个按键上,即用定义好的单字母代替较长的多字母韵母或声母来进行输入,使得每个音都可以用两个按键打出。这种声母或韵母的按键对应表通常称之为双拼方案,目前流行的大多数拼音输入法都支持双拼。使用双拼可以减少击键次数,虽然需要记忆字母对应的键位,但是熟练之后可以极大地提高拼音输入法的输入速度。

常见的双拼方案包括自然码、小鹤双拼、微软拼音、智能 ABC、拼音加加、紫光双拼、搜狗双拼、小熊双拼、大牛双拼等。这些方案的主要区别在于韵母的键位安排。

2. 为什么要学习双拼

在当下社会,每个人都需要提高自己搜集、整理和输出信息的能力。而打字速度和准确率直接影响了每天的工作效率和生活水平。

理论和实践显示,提高打字速度有两个途径:一是提高击键频率,二是缩短码长。

击键频率可以通过练习提高,但这是有限的。选择一个学习性价比高的输入法则可以做到事半功倍。双拼就是这样一个码长较短、仅用两键就可以敲出一个汉字的优秀输入法。学会了双拼,就可以在原有的击键频率下,大幅度地提高打字速度。

目前,许多带有智能搜索引擎的输入法平台已经嵌入双拼输入法,其智能组字、智能组词、智能句输入和云输入等强大功能,正在被越来越多的人所掌握和应用,发挥着不可估量的作用。

● **任务实施**

● STEP1.初识双拼

"这就叫双拼"的全拼和双拼对比:

全拼编码:zhe jiu jiao shuang pin   共需 19 键

双拼编码:ve jq jc ud pn   仅需 10 键

可见,所谓双拼就是每个字只要打 2 个键,第 1 个键是声码,第 2 个键是韵码。

● STEP2.认识双拼键位图

从全拼到双拼,能否较快地在自己的头脑中记住这张图,成为了关键。为

此,许多专业人士编出了一些助记词。实践中较为常用的是下面这一例,如图 2-1 所示:

图 2-1

m-ian q-iu x-ie g-eng s-ong r-uan sh-u ch-i k-ao n-in l-ai zh-ui z-ei
棉　球　鞋　更　松　软　书　痴　靠　您　来　追　贼
o-uo f-en h-ang w-ua/ia s-iong r-van j-an t-ue c-iao b-ou p-un/vn d-uang/iang
哦　分　行　哇呀　私用　日元　结案　特约　此药　剥藕　破文韵　得汪洋

那么,怎么读懂这些助记词呢?

例:棉——在 m 键上有 ian　　球——在 q 键上有 iu

　　鞋——在 x 键上有 ie

　　私用——在 s 键上有 iong　结案——在 j 键上有 an

　　哇呀——在 w 键上有 ua/ia 两个韵母

　　破文韵——在 p 键上有 un/vn 两个韵母

　　得汪洋——在 d 键上有 uang/iang 两个韵母

我们只要理解和读懂了助记词,就能更快地掌握双拼!

● **任务拓展**

　　背诵和默写双拼助记词。

　　任务2　声码练习——zh/ch/sh

● **任务分析**

　　在上个任务中,虽然已经读懂了助记词,但双拼还是要在实际操作中进一步强化。本任务除了复习巩固大家都熟知的声码定位,主要是学习翘舌音中 zh/ch/sh 这三个声码在双拼中的定位。同时,也是为了进一步熟悉双拼脚本练习软件的使用方法。

- **知识链接**

双拼输入法每个汉字只用 2 个键,即一个声码键、一个韵码键。在声码中,除了翘舌音 zh/ch/sh 外,其他都和全拼输入法相同。zh/ch/sh 这 3 个声码的形象记忆参照如下:

zh 形状像"树枝"——V

ch 形状像"尺子"——I

sh 形状像"试管"——U

- **任务实施**

  - **STEP1.认识双拼脚本练习软件**

从此开始,就要更频繁地使用双拼脚本练习软件了。

右击双拼脚本练习软件,选择"以管理员身份运行"启动程序,就可以看到图 2-2 所示界面。

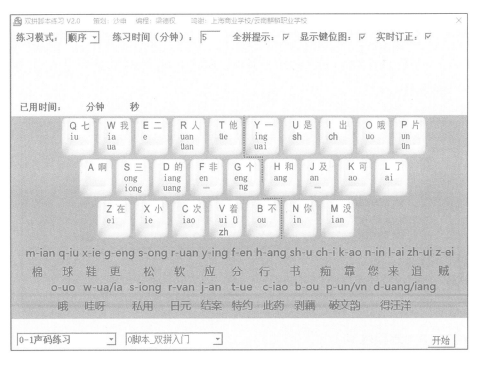

图 2-2

系统化的模块设计共有 4 个脚本,每个脚本中都有分脚本供具体细化的练习。

其中,"0 脚本-双拼入门"有以下 8 组双拼自然码声韵键位练习:

0-1 声码练习

0-2 平翘舌音练习

0-3 韵码键位练习

0-4 韵码 A 组练习

0-5 韵码 E 组练习

0-6 韵码 I 组练习

0-7 韵码 U 组练习

0-8 韵码 OV 组练习

针对不同需求,可以有不同的选择。

(1) 练习模式——顺序/随机(建议先顺序,再随机);

(2) 练习时间——N 分钟;

(3) 全拼提示——是/否;

(4) 显示键位图——是/否;

(5) 实时订正——是(允许有不超过 3 次的订正机会)/否。

每个练习结束后,可浏览查阅练习过程中软件在后台自动记录下来的具体差错(以 BugSP. txt 文件自动保存,可供后期进行有针对性的订正),这是本软件又一智能化亮点。

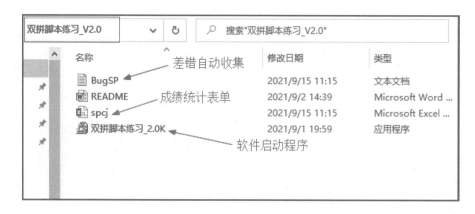

● STEP2. 声码练习

运行双拼脚本练习软件,进入"0 脚本_双拼入门"练习,选择"0-1 声码练习",如图 2-3 所示。

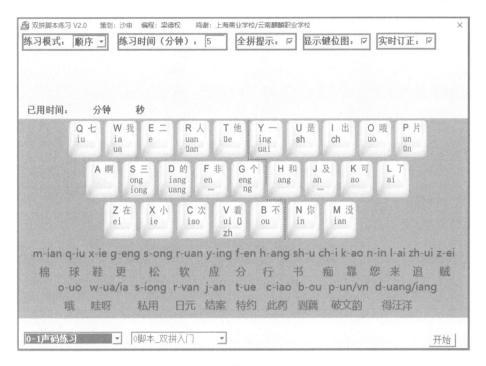

图 2-3

应特别注意对以下汉字声码的识读和辨认：

（1）zh/ch/sh 的替代——v/i/u；

（2）单元音 a/e/o——即重复打该元音 2 个。

双拼	汉字	全拼	双拼	汉字	全拼	双拼	汉字	全拼
za	砸	za	ze	则	ze	zi	自	zi
ca	擦	ca	ce	侧	ce	ci	此	ci
sa	洒	sa	se	色	se	si	四	si
va	扎	zha	ve	这	zhe	vi	只	zhi
ia	插	cha	ie	车	che	ii	吃	chi
ua	杀	sha	ue	设	she	ui	是	shi
aa	啊	a	ee	饿	e	oo	哦	o

• **任务拓展**

部分练习者平时对平/翘舌音的区分不够熟练，可以进行"0-2平翘舌音练习"脚本的练习，如图 2-4 所示。

同样，练习结束后，除了查看一下成绩（速度、准确率），更重要的是要检查

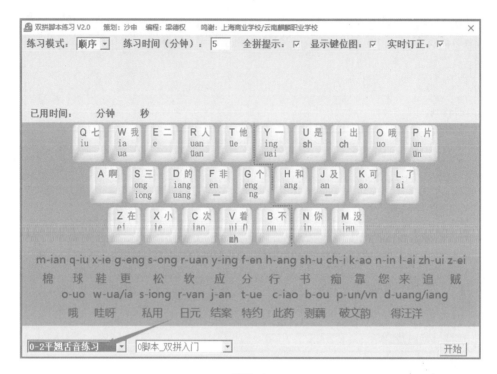

图2-4

一下自己在练习过程中的具体差错。

任务3 韵码键位练习

● 任务分析

在0脚本练习中,共有8组练习,之前的声码练习只是一个入门练习,除了复习巩固一下声码定位,主要是学习翘舌音中 zh/ch/sh 这三个声码在双拼中的定位。

0脚本练习的重点是"0-3韵码键位练习",它要求我们在一个全新的环境中来认识双拼对韵码键位的定位。

● 任务实施

● STEP1.韵码键位练习

运行软件,进入"0脚本_双拼入门"练习,选择"0-3韵码键位练习",如图2-5所示。

然后点击"开始",软件会自动播放各种相应的韵母键汉字音,要求练习者根据助记词键入对应的键位。

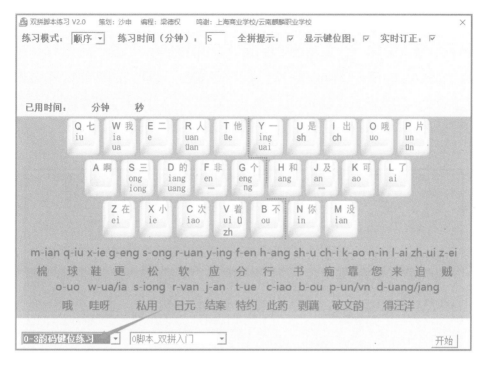

图 2-5

如图 2-6 所示,"棉"的韵码为 m 键上的 ian。今后只要碰到 ian 的韵码,直接敲 m 键就可以了。同样的,"球"指 q 键上有 iu、"鞋"指 x 键上有 ie……

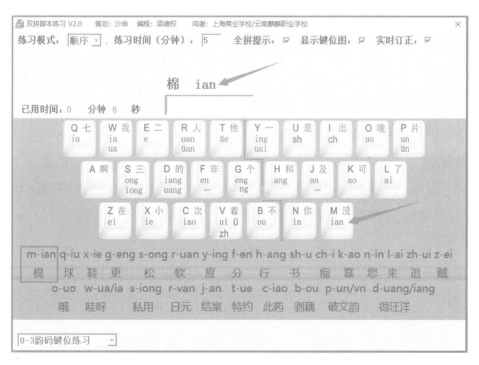

图 2-6

● STEP2.熟记韵码键位——不显示键位图

先显示键位图练习一至两遍,使自己对助记词有一个基本的了解。然后采用不显示键位图的模式(即取消勾选"显示键位图"),直到能够熟练地键入韵码键位,如图2-7所示。当速度可以达到60字/分钟以上,则该脚本练习基本达标。

图2-7

任务4 韵码分组练习

● 任务分析

为了使练习者能够更好地掌握双拼输入法的规律,有必要运用分组练习的方法,对具体的汉字进行巩固和提高训练,A组韵母如表2-1所示。

表2-1

	韵母	代替	拼音举例
A组	an	J	安 班 参 单 凡 干 含 产 看 蓝 满 难 盘 然 散 谈 山 站 万 眼 咱
	ang	H	昂 帮 藏 当 放 刚 航 常 康 狼 忙 囊 旁 让 桑 汤 上 张 王 样 脏

韵母	代替	拼 音 举 例
ao	K	奥 包 草 到 高 好 超 靠 劳 毛 闹 跑 绕 扫 套 少 要 早 找
ai	L	爱 白 才 带 该 海 柴 开 来 买 奶 拍 赛 台 晒 摘 外 在

● **任务实施**

● STEP1.【0-4 韵码_A 组练习】

运行软件,进入"0 脚本_双拼入门"练习,选择"0-4 韵码_A 组练习",如图 2-9 所示。

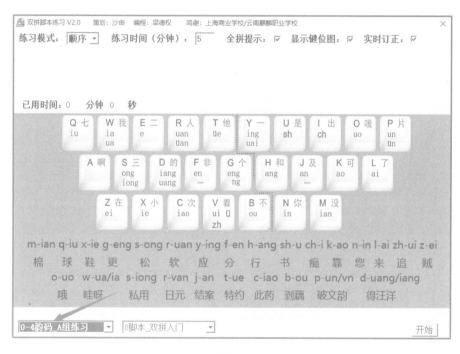

图 2-9

（1）在双拼输入法中规定单音韵母自补成双音,如:啊——aa、额——ee、哦——oo;又规定双音韵母直接打,如:哎——ai、安——an、诶——ei、嗯——en、欧——ou、昂——ah。

（2）每个脚本的练习速度均应达到 60 字/分钟,方可进入下一个脚本的练习(建议取消勾选"全拼提示")。

● STEP2.【0-5 韵码_E 组练习】

运行软件,进入"0 脚本_双拼入门"练习,选择"0-5 韵码_E 组练习",如图 2-10 所示,E 组韵母如表 2-2 所示。

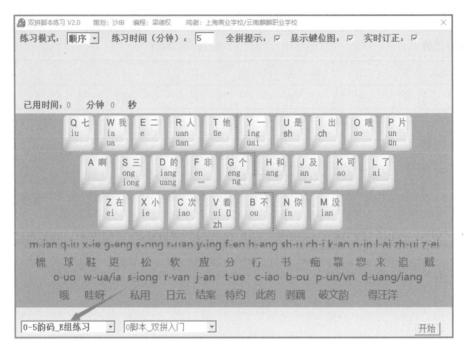

图 2-10

表 2-2

	韵母	双拼韵码	拼音举例
E组	en	F	恩 本 岑 抻 分 跟 很 陈 肯 门 嫩 喷 人 森 身 真 问 怎
	eng	G	泵 层 等 风 更 横 成 坑 冷 梦 能 碰 仍 僧 疼 生 正 翁 增
	ei	Z	诶(ei) 倍 得(dz) 非 给 黑 剋(kz) 类 美 内 配 忒(tz) 谁 这(vz) 为 贼

● STEP3.【0-6 韵码_I 组练习】

运行软件,进入"0 脚本_双拼入门"练习,选择"0-6 韵码_I 组练习",如图 2-11 所示,I 组韵母如表 2-3 所示。

表 2-3

	韵母	双拼韵码	拼音举例
I组	ia	W	嗲(dw) 家 俩 恰 下
	ian	M	便 点 间 联 面 年 篇 前 天 现
	iang	D	江 两 娘 强 想
	in	N	斌 近 林 民 您 品 亲 因
	ing	Y	并 定 令 名 宁 平 请 听

韵母	双拼韵码	拼音举例
iong	S	熊 炯 穷
ie	X	别 跌 接 列 灭 聂 撇 且 贴 写
iao	C	标 掉 交 聊 秒 鸟 飘 桥 条 小
iu	Q	丢 就 刘 谬 牛 求 修

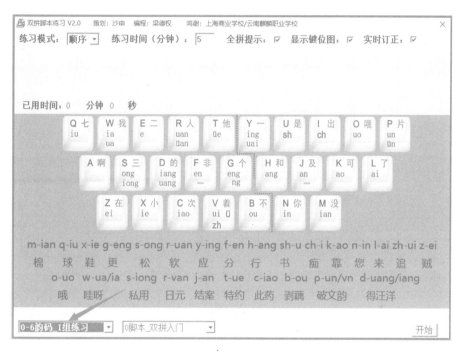

图 2-11

● STEP4.【0-7 韵码_U 组练习】

运行软件,进入"0 脚本_双拼入门"练习,选择"0-7 韵码_U 组练习",如图 2-12 所示,U 组韵母如表 2-4 所示。

表 2-4

	韵母	双拼韵码	拼音举例
U组	ua	W	瓜 花 欻(iw) 夸 刷 抓
	uan	R	窜 段 关 换 穿 款 乱 暖 软 算 团 栓 专 钻
	uai	Y	怪 坏 揣 快 帅 拽(vy)
	uo	O	波 错 多 佛(fo) 郭 或 戳 扩 罗 摸 诺 哦(oo) 破 弱 所 托 说 桌 我 哟(yo) 做
	un	P	村 吨 滚 混 困 论 磨 润 孙 吞 尊 准 春 顺

韵母	双拼韵码	拼音举例
uang	D	光 黄 创 狂 双 装
ui	V	催 对 贵 会 吹 亏 瑞 随 推 水 追 最

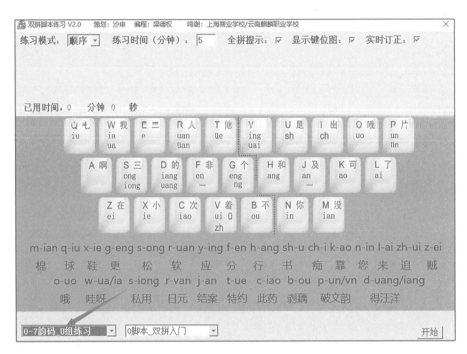

图 2-12

- ● STEP5.【0-8 韵码_OV 组练习】

运行软件,进入"0 脚本_双拼入门"练习,选择"0-8 韵码_OV 组练习",如图 2-13 所示,OV 组韵母如表 2-5 所示。

表 2-5

	韵母	双拼韵码	拼音举例
O	ong	S	从 东 功 红 冲 空 龙 弄 荣 送 同 中 用 总
	ou	B	凑 斗 否 够 抽 口 某 耨(nb) 剖 柔 搜 头 周 有 走 楼 后 收
V	ve	T	觉 略 虐(nt) 缺 学 月
	vn	P	军 群 寻 云
	van	R	卷 全 选 元

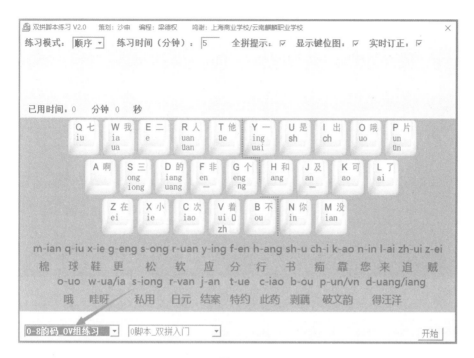

图 2 - 13

任务5　400个音节码——打遍天下汉字

● **任务分析**

通过以上对 0 脚本各个分组的练习,基本上解决了双拼入门的问题。下面以 400 个音节码的综合练习进一步提升双拼打字能力。

● **知识链接**

音节是听觉可以区分清楚的语音的基本单位,汉语中一个汉字一个音节,每个音节由声母、韵母、声调三个部分组成。

汉语普通话中的无调音节(不做音调区分)共有 400 个,其具体的编码叫音节码,如图 2 - 14 所示。

● **任务实施**

● STEP1.1 脚本_双拼进阶——1　7音节码练习 A

运行软件,进入"1 脚本_双拼进阶",选择"1 - 7 音节码练习 A",如图 2 - 15 所示。

本组音节码如下:

啊(aa)　唉(ai)　按(an)　昂(ah)　奥(ao)

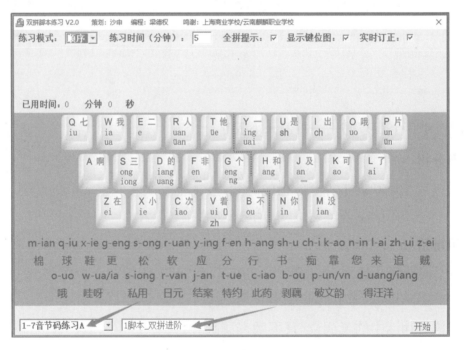

图 2-14

图 2-15

吧(ba)　白(bl)　办(bj)　帮(bh)　包(bk)　被(bz)　本(bf)　泵(bg)
比(bi)　变(bm)　表(bc)　别(bx)　斌(bn)　并(by)　波(bo)　不(bu)

差(ia)　拆(il)　产(ij)　长(ih)　超(ik)　车(ie)　陈(if)　成(ig)
吃(ii)　冲(is)　抽(ib)　出(iu)　欻(iw)　踹(iy)　传(ir)　床(id)　吹(iv)
纯(ip)　戳(io)　次(ci)

从(cs)　凑(cb)　粗(cu)　窜(cr)　催(cv)　存(cp)　错(co)　擦(ca)

才(cl)　惨(cj)　仓(ch)　操(ck)　测(ce)　岑(cf)　层(cg)

打(da)　带(dl)　但(dj)　当(dh)　到(dk)　的(de)　都(db)　得(dz)
托(df)　等(dg)　地(di)　嗲(dw)　点(dm)　掉(dc)　跌(dx)　定(dy)
丢(dq)　懂(ds)　读(du)　段(dr)　对(dv)　盾(dp)　多(do)

额(ee)　恩(en)　而(er)　诶(ei)

发(fa)　饭(fj)　放(fh)　飞(fz)　分(ff)　风(fg)　勪(fc)　佛(fo)
否(fb)　付(fu)

噶(ga)　改(gl)　干(gj)　刚(gh)　搞(gk)　个(ge)　给(gz)　跟(gf)
更(gg)　工(gs)　够(gb)　股(gu)　挂(gw)　怪(gy)　管(gr)　光(gd)
贵(gv)　滚(gp)　过(go)

哈(ha)　还(hl)　汗(hj)　行(hh)　好(hk)　和(he)　黑(hz)　很(hf)
哼(hg)　红(hs)　后(hb)　胡(hu)　话(hw)　坏(hy)　换(hr)　黄(hd)
会(hv)　混(hp)　或(ho)

及(ji)　加(jw)　见(jm)　将(jd)　叫(jc)　接(jx)　进(jn)　经(jy)
炯(js)　就(jq)　距(ju)　卷(jr)　觉(jt)　均(jp)

卡(ka)　开(kl)　看(kj)　抗(kh)　靠(kk)　可(ke)　肯(kf)　坑(kg)
剀(kz)　空(ks)　口(kb)　哭(ku)　夸(kw)　快(ky)　款(kr)　狂(kd)
亏(kv)　困(kp)　扩(ko)

啦(la)　来(ll)　蓝(lj)　狼(lh)　老(lk)　了(le)　累(lz)　冷(lg)
里(li)　俩(lw)　连(lm)　两(ld)　聊(lc)　列(lx)　林(ln)　另(ly)　留(lq)
龙(ls)　楼(lb)　路(lu)　率(lv)　乱(lr)　略(lt)　论(lp)　罗(lo)

吗(ma)　买(ml)　慢(mj)　忙(mh)　毛(mk)　么(me)　没(mz)
们(mf)　梦(mg)　米(mi)　面(mm)　秒(mc)　咩(mx)　民(mn)　名(my)
缪(mq)　摸(mo)　某(mb)　木(mu)

那(na)　耐(nl)　男(nj)　囊(nh)　闹(nk)　呢(ne)　内(nz)　嫩(nf)
能(ng)　你(ni)　年(nm)　娘(nd)　鸟(nc)　捏(nx)　您(nn)　宁(ny)
牛(nq)　弄(ns)　耨(nb)　怒(nu)　女(nv)　暖(nr)　虐(nt)　蘑(np)
诺(no)　偶(ou)

● STEP2.1 脚本_双拼进阶——1－8音节码练习B

运行软件,进入"1 脚本_双拼进阶",选择"1－8音节码练习B",如图2－16

所示。

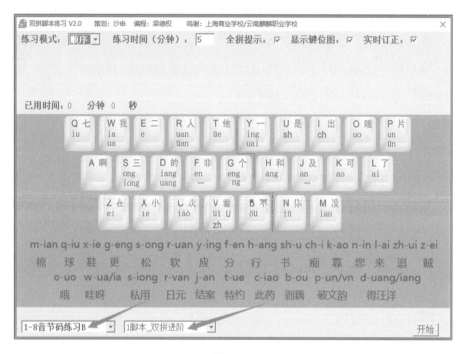

图 2 – 16

本组音节码如下:

怕(pa) 拍(pl) 盘(pj) 胖(ph) 跑(pk) 陪(pz) 喷(pf) 碰(pg)
皮(pi) 片(pm) 票(pc) 撇(px) 品(pn) 平(py) 破(po) 剖(pb)
普(pu)

起(qi) 恰(qw) 钱(qm) 强(qd) 桥(qc) 切(qx) 亲(qn) 请(qy)
穷(qs) 球(qq) 去(qu) 全(qr) 却(qt) 群(qp)

然(rj) 让(rh) 绕(rk) 热(re) 人(rf) 仍(rg) 日(ri) 荣(rs)
肉(rb) 如(ru) 软(rr) 瑞(rv) 润(rp) 若(ro)

啥(ua) 晒(ul) 删(uj) 上(uh) 少(uk) 设(ue) 谁(uz) 水(uv)
神(uf) 生(ug) 是(ui) 收(ub) 书(uu) 刷(uw) 帅(uy) 拴(ur)
爽(ud) 顺(up) 说(uo)

死(si) 送(ss) 搜(sb) 素(su) 算(sr) 岁(sv) 孙(sp) 所(so)
撒(sa) 赛(sl) 三(sj) 桑(sh) 扫(sk) 色(se) 森(sf) 僧(sg)

他(ta) 太(tl) 谈(tj) 汤(th) 套(tk) 特(te) 疼(tg) 忒(tz)
提(ti) 天(tm) 条(tc) 贴(tx) 听(ty) 同(ts) 头(tb) 图(tu) 团(tr)

退(tv)　吞(tp)　拖(to)

哇(wa)　外(wl)　玩(wj)　网(wh)　为(wz)　问(wf)　翁(wg)
我(wo)　无(wu)

系(xi)　下(xw)　先(xm)　想(xd)　小(xc)　写(xx)　新(xn)　行(xy)
熊(xs)　修(xq)　需(xu)　选(xr)　学(xt)　训(xp)

呀(ya)　眼(yj)　样(yh)　要(yk)　也(ye)　一(yi)　因(yn)　应(yy)
哟(yo)　用(ys)　有(yb)　与(yu)　元(yr)　月(yt)　晕(yp)

炸(va)　宅(vl)　站(vj)　长(ih)　找(vk)　者(ve)　这(vz)　真(vf)
正(vg)　只(vi)　中(vs)　周(vb)　住(vu)　抓(vw)　拽(vy)　转(vr)
装(vd)　追(vv)　准(vp)　桌(vo)

字(zi)　总(zs)　走(zb)　组(zu)　钻(zr)　最(zv)　尊(zp)　做(zo)
咋(za)　在(zl)　咱(zj)　脏(zh)　早(zk)　则(ze)　贼(zz)　怎(zf)
增(zg)

● **项目小结**

通过本项目 5 个任务的练习,如果速度基本都可以达到 60 字/分钟以上,那么可以认为双拼入门问题已经顺利解决了。

计算机文字录入与速录——智能双拼

模块一　基础篇　33

模块二　进阶篇

　　双拼作为一款优秀的输入法,在互联网和办公软件的各种环境下的应用,是大家更为关心的。有许多人在实际操作中感到它好像"很不顺手""速度也不怎么快"……实际上是许多人没有认识到该输入法的正确设置和使用特点,从而大大影响了其性能的正常发挥。

　　掌握可控智能句输入的方法,是计算机速录的关键;学会特殊字词处理的四大技巧,能更快速地录入。

项目 3　基于搜狗拼音的智能引擎技术——智能句录入

- **知识目标**

    1. 了解搜狗拼音输入法的智能搜索引擎

    2. 了解智能句输入的方法

- **技能目标**

    1. 正确设置好输入法，并养成良好习惯

    2. 掌握可控的智能句录入的方法

任务 1　搜狗拼音输入法的正确设置

- **任务分析**

    搜狗拼音输入法作为一款基于搜索引擎技术的、新一代的输入法，在数年来与千百万网民的互动中，运用互联网的大数据，不断升级产品，有了很大的进步。永久免费的原则，使其成为了国内现今主流的一款汉字拼音输入法。正如其他各款优秀输入法一样，要用好它，就必须要了解它的各项功能，设置好它，发挥好它的最大潜能，为自己服务。

- **任务实施**

    - STEP1. 搜狗拼音输入法的一般设置

    安装好搜狗拼音输入法以后，除了要规避掉广告之外，还需要进行一些设置。

    根据众多速录工作者的经验，设置方法建议如下：

    （1）进入"属性设置——常用"，在"特殊习惯"中勾选"双拼"，点击"双拼方案设置"选择"自然码"，最后点击"确定"，如图 3－1—图 3－3 所示。

    （2）在"按键"中设置"候选字词"，取消勾选"翻页按键"中的"逗号句号""左右方括号"，选中"以词定字"中的"左右方括号"，如图 3-4 所示。

    此时，搜狗输入法的基本设置是在双拼状态下最便于速录使用的。

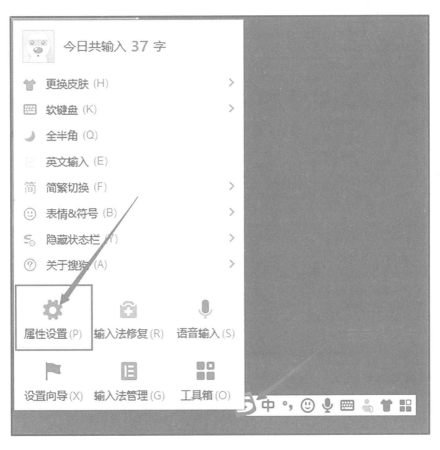

图 3 - 1

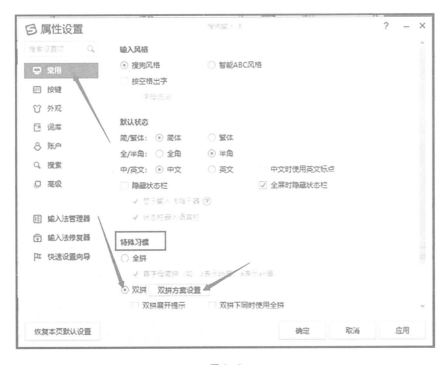

图 3 - 2

计算机文字录入与速录——智能双拼

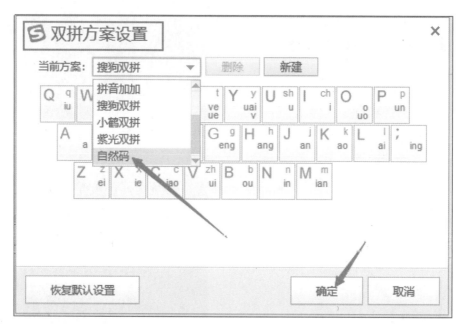

图 3 - 3

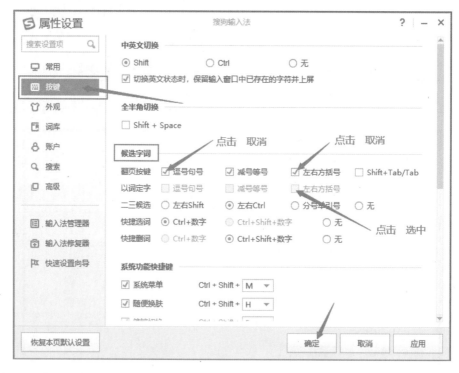

图 3 - 4

● STEP2. 搜狗拼音输入法的使用方法

只有掌握好输入法的使用方法，才能更好地发挥其作用。

有以下几点需要特别注意：

1. 打错了怎样处理——Esc 撤销

人们打字,总会有打错的时候。打错了,怎么办? 大多数人习惯的处理方法是用退格键(Backspace)逐一删除。这样做很浪费时间。正确的处理方法是用 Esc 键果断地撤销。

2. 怎样选字——快捷选字

打字时总会碰到重码,怎样快速地选字很关键。大多数人的习惯是用数字键(1、2、3、4、5)来选字。这样录入太慢了,建议是:首选字——空格、二选字——左 Ctrl、三选字——右 Ctrl。

由于搜狗输入法优秀的智能组字、智能组词功能,在一般情况下,前三个选项(特别是第一个选项)基本够用。默认设置为每行 5 个候选项。在特殊情况下,还可以用减号、等号键进行翻页,进入下一行的候选。

3. 怎样上屏——智能句输入

搜狗输入法在打字时并不会立即上屏,而是在状态行里,等候处理。

不少人是一个字或者一个词打完后就上屏了,这是错误的打法,或者说这还是第一代打字的打法,没有发挥出智能输入法的智能。正确的打法应该是句上屏。也就是说,在打字的时候,应该根据提示行的实际情况,用空格键或者标点符号把一句话打上去。此时,智能句输入的加入,大大减少了同音字的选择,可以一气呵成完成整句的录入,大大提升了输入的速度。

4. 怎样处理候选行中的个别错误——Ctrl＋首声母

整句输入时,如果句中某个拼音输入错误需要修改,如何快速定位到错误位置呢? 许多人会用退格键从后面逐一删除,然后再重新录入。这样做浪费了许多时间。实际上,可以使用声母快速定位修改功能,直接用 Ctrl＋首字母(声母)快速定位到句中的那个音节进行修改,然后再按空格键整句上屏。

如果一句话里面有若干个相同的首字母,连续按 Ctrl＋首字母,就可以在这几个相同首字母的音节之间切换,完成快速定位。

任务 2 智能组字、智能组词、智能句录入

● **任务分析**

拼音输入法操作简单,性价比高,特别适合听音记音这样的计算机听打速录。但是,拼音的重码率高,同音字始终是影响录入速度的最大障碍之一。如

果能很好地解决选字和选词问题,就能大幅度提高录入速度,形成较好的计算机速录的方案。

目前,以搜狗、QQ、百度、微软、必应为代表的采用网络搜索引擎技术的智能拼音输入法,在智能组字、智能组词、智能句录入等方面,为拼音录入技术在提速方面做了许多有益的探索。

● **任务实施**

　● STEP1.智能组字、智能组词

智能输入法可以做到智能组字、智能组词。在打字时,可以智能地帮助录入者准确用字、准确用词。

(1)以最常见的"的""地""得"为例(拼音都是 de),经常会用错。但使用智能输入法就基本不会出现这种情况了,如:

注:这个"地"一般应该是打"di",在这里特意输入了"de",智能组词也能正确区分出来。

(2)"他"和"她"拼音都是"ta",使用智能拼音便可以正确区分出来。

本案例中,输入法根据前后文之间的逻辑关系,对应该是用"他"还是"她",作了智能的判断。

（3）"年轻人"经常会错误地打成"年青人"，使用智能拼音便可以正确区分出来。

（4）"权利"和"权力"的拼音都是"qrli"，含意却不相同。往往因为分不清它们的含义而用错，用智能拼音就能正确区分出来。

（5）"大一""大衣""大意"和"答疑"，拼音都是"dayi"。使用智能拼音便可以正确区分出来。

- STEP2.智能句录入
使用具有搜索引擎的智能拼音输入法时，更重要的是要掌握好其智能句录

计算机文字录入与速录——智能双拼

入的方法。

（1）只有在句上屏的过程中,智能组字和智能组词才能更好地实现。

（2）句上屏减少了空格的录入,省键、提速。

（3）句上屏可以直接标点符号上屏,进一步省键、提速。数据统计显示,标点符号在文章中占到了1/10—1/5。按以往的输入法,需要按了空格后再加上标点符号,这样录入太慢了。

示例:

她的老公,他的老婆,都是我们复旦大学的同学。

首先录入:

此时,直接按逗号,词组连同逗号一起上屏了。

然后再录入:

同样,直接按逗号,词组连同逗号一起上屏。

接着再录入:

db'ui'wo'mf'fu'dj'da'xt'de'ts'xt
1.都是我们复旦大学的同学 2.都是我 3.都是 4.斗士 5.都试 ‹ ›

此时,直接按句号,完成全句的录入。

这里,用两个逗号和一个句号完成了全文的录入。完全符合人们平时的思维习惯,快速、流畅、一气呵成。在录入的过程中,"她""他"和"负担""复旦"全部智能选字、智能选词,合理判断,没有差错。

这就是智能句录入功能的实现。

● STEP3.云输入

云输入是指互联网通过大数据处理形成的云速录技术。是在网络上使用云计算,提供更为智能的长句。输入法已经进入云计算技术时代,完全靠服务器运算,具有更强大的语言模型和词库,能大幅提升录入准确率(尤其是长句的准确率),准确率可达到94%以上。

在前面的练习中,细心的人可能已经发现,如果计算机是处于联网的状态,那么在录入各种语句的时候,已输入的候选中会出现一些带云的语句,以供优先选择。

比如,下面的这些长句:

(1) 戴着红领巾的小朋友在老师的带领下来到了烈士陵园。

(2) 英文录入速度的提高将对后续中文录入速度的提高起到非常重要的作用。

(3) 他们都是怀有远大的理想而又德才兼备的应届毕业的大学生。

以上这些均表明,云输入已经在后台发挥着作用。目前,随着搜狗拼音输入法版本的不断升级,这一功能进一步得到优化和提高。以前不能长句录入的语句,现在许多都可以一气呵成了。

任务3 有限制的、可控的整句录入技术

● 任务分析

根据以上的练习可以看到,带有智能搜索引擎的智能拼音输入法确实为大家带来了许多便利,打字的速度随之有了很大的改变和提高。但是,这种智能句上屏的打法并不是万能的,有的时候它还是会出错的。

那么,它有什么规律?应对的策略和技巧是什么?

首先,应该了解什么叫可控的句上屏技术?

句上屏是有条件的。实践证明,在一些情况下,不能直接句上屏,否则就会造成一些不必要的差错。

- **任务实施**

  - ### STEP1.超长句不能上屏

  什么叫超长句？人们在说话、写文章时,会有一些特别长的长句出现。由于智能搜索引擎程序设计对码长极限的限制,只能一次性录入码长≤64 时的句子(字词)。

  例如,类似下面这样的长句,就无法一次性录入:

  西方发达国家的教育发展不平衡性和国民教育体系建立的不同时性也是客观存在的。

  xi'fang'fa'da'guo'jia'de'jiao'yu'fa'zhan'bu'ping'heng'xing'he'guo'min'jiao'yu'ti'xi'ji|
  1.西方发达国家的教育发展不平衡性和国民教育体系及　2.西方　3.西房　4.细纺　5.洗　‹ ›

  由于码长(64)的限制,全拼打到这里,就无法再往下了。

  如果是用双拼,则还可以打得长一点,例如:

  xi'fh'fa'da'go'jw'de'jc'yu'fa'vj'bu'py'hg'xy'he'go'mn'jc'yu'ti'xi'jm'li'de'bu'ts'ui'xy'ye'ui'ke|
  极限
  1.西方发达国家的教育发展不平衡性和国民教育体系建立的不同是兴业时刻　2.西方　3.西房　4.细纺　5.洗　‹ ›

  但不管怎样,极限还是发生了。

  所以,超过码长(64)的长句,是无法一次性录入的。

  可采用的对策是,根据意群进行断句处理,分两次录入,即:

  西方发达国家的教育发展不平衡性/和国民教育体系建立的不同时性也是客观存在的。

  xi'fh'fa'da'go'jw'de'jc'yu'fa'vj'bu'py'hg'xy|
  1.西方发达国家的教育发展不平衡性　2.西方　3.西房　4.细纺　5.洗　‹ ›

  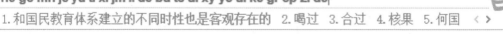

  he'go'mn'jc'yu'ti'xi'jm'li'de'bu'ts'ui'xy'ye'ui'ke'gr'cp'zl'de|
  1.和国民教育体系建立的不同时性也是客观存在的　2.喝过　3.合过　4.核果　5.何国　‹ ›

  - ### STEP2.使用意群录入

  遇到超长句,要学会用意群断句来分次上屏,以免超过智能搜索引擎程序设计对码长极限的限制。实际上,为了更好地保证句子录入的正确性,平时就应该养成用意群录入上屏的良好习惯。

  首先,必须要明确什么叫意群。

意群的字面意思,就是含有若干字、词意思的群,是一个意义相对完整的文字组合,是一个稍长的句子分成的具有一定意义的若干个短语。停顿是在意群之间进行的,是根据语意、语速的需要而自然产生的一种语音停顿,也是人们说话、写文章时语气和语义的停顿。

意群阅读指阅读者在阅读过程中眼睛从一个意群移动到另一个意群,而普通阅读指阅读者阅读时眼睛从一个单词移动到另一个单词。读意群就是把几个词一眼看下来,可使阅读速度成倍地提高。

意群的存在可以提升理解和学习能力。比如说,有一大滴墨水滴在书上,有一两个字看不清了,但这不妨碍对阅读内容的理解。一句话出现错字、漏字或适当省略等,也不妨碍交流。这就是意群关系在补足或修正相应的部分。

平时养成意群阅读的习惯,对提高快速阅读的有效性很重要。这个原理也完全适用于快速打字,因为 AI 智能搜索引擎也是按照这个原理运行的。这也是为什么意群录入能提升人们的录入体验。

断句上屏方法有两种,一种是标点符号的断句;另一种就是语意,即意群的断句。也就是说,应该及时把一些多意群组成的长句,分割成若干个意群短句来上屏。每个短句就是一个意群,每个意群字数不等,但都在智能引擎的可控范围内,这样可以最大限度地发挥智能输入法的作用。掌握好意群断句技术很重要,在平时的录入中应该特别要注意适当用空格来断句,养成用意群断句上屏的良好习惯,而不是一定要再等到某些标点符号出现以后再上屏。当然这并不矛盾,文章中用标点符号分隔的短句就是一个意群,一般情况下应该以标点符号作为分隔点。

请看下面几个案例:

(1) 任何语言都是离不开环境的,而意群阅读法是最好的利用上下文的关系来分析和理解文章的。

本案例逗号前面部分就是一个意群,正好用逗号来上屏。第 2 段就有点长,完全可以用意群断句。

任何语言都是离不开环境的,

rf'he'yu'yj'db'ui'li'bu'kl'hr'jy'de	ⓘ 6.搜索: 任何语言都是离…	S
1.任何语言都是离不开环境的 2.任何 3.人和 4.仁和 5.仁合 ‹ ›		

而/意群/阅读法/是最好的利用上下文的关系来分析和理解文章的。

"而"是连词，可以连接词、短语和分句。在录入时，应该单独上屏。

"意群""阅读法"是专用词语。在录入时，应该分别单独选词上屏。否则会出现以下的情况：

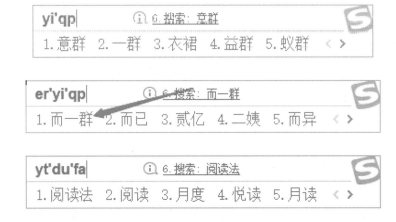

余下的，可以用句号一起上屏。

是最好的利用上下文的关系来分析和理解文章的。

所以，全文应该这样录入：

任何语言都是离不开环境的，而/意群/阅读法/是最好的利用上下文的关系来分析和理解文章的。

(2) 飘落，一首俄罗斯风歌曲。

本句不长，但不按意群输入，就容易出错。

正确的打法是：飘落，一首俄罗斯风/歌曲。

pc'lo|　　　ⓘ 6.搜索：飘落
1.飘落　2.票　3.飘　4.PC　5.漂　‹ ›

yi'ub'ee'lo'si'fg|　　　ⓘ 6.搜索：一首俄罗斯风
1.一首俄罗斯风　2.一首　3.一手　4.已收　5.已售　‹ ›

ge'qu|　　　ⓘ 6.搜索：歌曲
1.歌曲　2.各区　3.各取　4.格　5.个　‹ ›

（3）大家选举李明为班长。

本句不长，但不按意群输入就容易出错。

da'jw'xr'ju'li'my'wz'bj'vh|　　　ⓘ 6.搜索：大家选举李明伟班长
1.大家选举李明伟班长　2.大家　3.打架　4.打假　5.大驾　‹ ›

da'jw'xr'ju|　　　ⓘ 6.搜索：大家选举
1.大家选举　2.大家　3.打架　4.打假　5.大驾　‹ ›

li'my|　　　ⓘ 更多人名
1.黎明　2.李明　3.李铭　4.利明　5.立明　‹ ›

wz|　　　ⓘ 6.更多颜文字
1.为　2.位　3.喂　4.(#'O')　5.未　‹ ›

bj'vh|　　　ⓘ 6.搜索：班长
1.班长　2.半张　3.办张　4.班章　5.板障　‹ ›

正确的打法是：大家选举/李明/为/班长

可见，意群输入是十分重要的。

（4）上海是新思潮的诞生地。

如果不按意群来打，就会出错。

uh'hl'ui'xn'si'ik'de'dj'ug'di	ⓘ 6.搜索：上海市新思潮的…
1.上海市新思潮的诞生地　2.上海市　3.上海　4.伤害　5.商海 ‹ ›

按意群输入，就应该是：上海/是新思潮的诞生地。

uh'hl	ⓘ 6.搜索：上海
1.上海　2.伤害　3.商海　4.尚海　5.上 ‹ ›

ui'xn'si'ik'de'dj'ug'di	ⓘ 6.搜索：是新思潮的诞生地
1.是新思潮的诞生地　2.实心　3.失信　4.失心　5.时薪 ‹ ›

● STEP3.单字在句首的断句

有一些单字，当它们在句首的时候，要注意用断句让它们独立上屏。特别是以下的这些字：使、只、像、将……

(1) 使广大人民群众能够共享改革发展的成果。

ui'gd'da'rf'mn'qp'vs'ng'gb'gs'xd'gl'ge'fa'vj'de'ig'go	ⓘ 6.搜
1.是广大人民群众能够共享改革发展的成果　2.时光　3.拾光　4.石光

"使"字在句首，必须单独上屏。使/广大人民群众能够共享改革发展的成果。

(2) 使我们的社会更加和谐——使/我们的社会更加和谐。

ui'wo'mf'de'ue'hv'gg'jw'he'xx	ⓘ 6.搜索：是我们的社会更…
1.是我们的社会更加和谐　2.使我们　3.是我们　4.是我　5.使我 ‹ ›

(3) 只发展经济是不够的——只/发展经济是不够的。

vi'fa'vj'jy'ji'ui'bu'gb'de	ⓘ 6.搜索：之发展经济是不够的
1.之发展经济是不够的　2.执法站　3.执法　4.只发　5.直发 ‹ ›

(4) 像诗人似的展开了想象——像/诗人/似的/展开了想象。

xd'ui'rf'ui'de'vj'kl'le'xd'xd	ⓘ 6.搜索：像是认识的展开…
1.像是认识的展开了想象　2.向世人　3.像是　4.相识　5.详实 ‹ ›

(5) 像雷锋同志一样对待工作——像/雷锋同志一样对待工作。

(6) 将实践作为检验真理的唯一标准。

本句如果不做意群的断句处理,就很容易打错。

jd'ui'jm'zo'wz'jm'yj'vf'li'de'wz'yi'bc'vp|　　　⑥ 6.搜索:将时间作为检验……

1.将时间作为检验真理的唯一标准　2.僵尸　3.讲师　4.将是　5.将士 〈 〉

所以,应该作此处理:将/实践/作为检验真理的唯一标准。

"将"单字在句首,要断句、独立上屏。

时间、实践、事件都是同音词,易错、发生歧义,需要选词上屏。

之后部分可以整句录入。

- STEP4.其他几种需要断句的场景

以下的场景也是要注意断句、独立上屏的,否则就会造成一些不必要的差错。

(1) 对一些专用词、专用语,以及不常见的人名、地名、企业名等要独立上屏,不宜混录。

(2) 缩略词、生僻词汇、新造词汇要断句,独立上屏。

(3) 数量词、时间、日期、数字等,要独立上屏。

(4) 感叹词、象声词等易错词,要独立上屏。

以上内容,应该在今后大量的练习中,不断积累,进行提高。值得高兴的是,随着智能输入法的不断升级和优化,以前有一些需要断句才能录入的,现在也已经可以长句输入了。但坚持用意群录入完全符合人们的思维和习惯,不易出错。

任务4 特殊字词的处理技巧——四个模式

● 任务分析

在录入文章的过程中,总会碰到一些字词不会打,怎么办? 实际上,搜狗拼音输入法通过与网友们的良好互动提出了一些很好的方案。作为计算机速录学习者,以下几个方案是应该要掌握的:

(1) 以词定字(连词消字)模式;

(2) Tab 模式;

(3) U 模式;

(4) V 模式。

● 任务实施

● STEP1.以词定字(连词消字)模式——前后方括号【】

在打字的过程中,有时会遇到一下子打不出某个字来的尴尬,怎么办? 实际上,智能搜狗拼音输入法早就给出了一个以词定字(连词消字)的方案,能快速解决这个难题。

具体做法是:先快速打出一个词组,然后用键盘上的方括号【或】,快速地将这个词组中的某个字上屏。

(1) 如果要打一个百家姓中的姜字,但一下子要找到这个姜字,并不是那么容易,怎么办? 可以先打出姜太公这个词组,然后用键盘上的前方括号【就可以直接把姜字送上屏幕。

(2) 如果要打一个雾霾的霾字,同样也可以用这个办法。用键盘上的后方括号】就可以直接把霾字送上屏幕。

（3）选择的词必须是能稳定出现在词条首位的高频词、热门词。

例如打是字，采用是非做连词消字就不妥，因为是非的同音词有许多，而且不能稳定地出现在词条首位。

如果采用是否一词，就可以稳定地出现在词条首位，用前方括号就可以将是字上屏了。

（4）连词消字的练习和积累。

按照上面的要求，熟练做好以下练习，并把自己新积累的字词填入表3-1空白处：

表3-1

使		只		像		将	
向		把		以		因	
如		为		或		但	
凡		若		自		原	
在		再		也		于	
而		当		除		虽	
即		既		还		并	

（5）"百家姓"连词消字的应用。

前面讲过，在文章的句子录入时，碰到人名、地名、企业名等，一般应该单独打，独立上屏（名人除外）。近年来大数据统计得知，"李、王、张、刘、陈、杨、黄、赵、周、吴"是使用较多的姓氏。熟练地运用连词消字技术，把一些常用的姓氏准确、快速打出，也是很重要的，如表3-2所示。

表 3 - 2

李	李四	王	国王	张	张三	刘	刘邦
陈	陈旧	杨	杨柳	黄	黄色	赵	赵云
周	周围	吴	吴国				

● STEP2. Tab 模式——拆字辅助码

拆字辅助码可以帮助快速地定位单个字。例如,想输入娴字,但是它在输入法中排位非常靠后,不易找到。此时,可以输入 xian,然后按下 Tab 键,再输入娴字的两部分女、闲的首字母 nx,就可以看到位于首位的娴字了。输入的顺序为 xian+Tab | nx。

使用双拼时,需要分别输入这两个独体字的声韵码,即 xm+Tab+nvxm。

Tab 模式不仅可以拆字,还可以拆笔画,即一 丨 丿 、 一,对应各笔画拼音的首字母 hspnz,如表 3 - 3 所示。一般前几笔就可以找到。

表 3 - 3

笔画	横	竖	撇	点/捺	折
按键	h	s	p	d/n	z

因此,这个娴字,也可以这样迅速打出:xm+Tab+zp。

同理,如果要打酯字,可以输入 vi+Tab+hsz,即可迅速找到。

● STEP3.U 模式——专为录入不会读的字

中国汉字博大精深,不同部首、结构可以组成同音多字,意思也是有区别的。更不用说生僻字,不认识又不知道读音,难以打出来,搜狗输入法就可以解决此类问题。

U 模式有笔画拆分、独体字拆分和部首拆分三种方法。

进入 U 模式后,依次输入一个字的笔顺,就可以得到该字。笔顺为:h 横、s 竖、p 撇、n 捺、z 折,其中点也可以用 d 来表示。同时,小键盘上的 1、2、3、4、5 也可以用来表示 h、s、p、n、z。值得一提的是,竖心旁的笔顺是点点竖(nns),而不是竖点点。

当然,在 U 模式下,也可以用独体字拆分法来录入,即将一个汉字拆分成多个组成部分,U 模式下分别输入各部分的拼音即可得到对应的汉字。

由于双拼占用了 U 键,所以在双拼状态下,要使用 Shift+U 来进入 U 模式。

(1) 睿(读:rui):看得深远。用 U 模式如下:

(2) 赟(读:yun):美好。该字可以拆分为三个独体字:文、武、贝。用 U 模式如下:

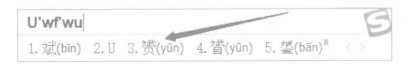

(3) 铠(读:kǎi):铠甲。该字可以拆分为独体字:金、山、己。用 U 模式如下:

（4）泓（读：hóng）：左中右结构，形容水深而广。该字可以拆分为独体字：水、弓、厶。用 U 模式如下：

（5）煜（读：yù）：照耀。该字可以拆分为独体字：火、日、立。用 U 模式如下：

同理，该字如果用笔画拆分，用 U 模式如下：

（6）钰（读：yù）：珍宝。该字可以拆分为独体字：金、玉。用 U 模式如下：

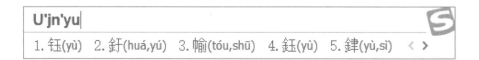

在 U 模式中，除了用笔画拆分和独体字拆分以外，还可以用部首拆分录入。
下表列出了常见部首的拼写输入：

表 3-4

偏旁部首	输入	偏旁部首	输入
阝	fu	忄	xin
卩	jie	钅	jin
辶	yan	礻	shi
辶	chuo	廴	yin
冫	bing	氵	shui
宀	mian	冖	mi

偏旁部首	输入	偏旁部首	输入
扌	shou	犭	quan
纟	si	幺	yao
灬	huo	罒	wang

例如：沏可拆分为氵和力，袆可拆分为礻和韦。

- STEP4. V 模式——转换和计算的功能组合

V 模式是一个转换和计算的功能组合。由于双拼占用了 V 键，所以在双拼状态下需要按 Shift＋V 进入 V 模式。V 模式下具体功能有：

1. 数字转换

（1）输入 V＋整数数字，如：v123，搜狗拼音输入法将把这些数字转换成中文大小写数字。

输入 99 以内的整数数字，还可得到对应的罗马数字，如 v12 的 c 选项。

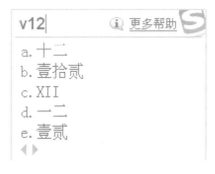

（2）输入 v＋小数数字,如 v34.56,将得到对应的大小写金额。

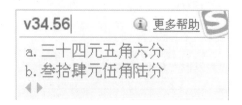

2. 日期转换

输入 v＋日期,如:v2012.1.1,搜狗拼音输入法将把简单的数字日期转换为日期格式。

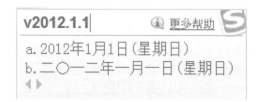

当然,也可以进行日期拼音的快捷输入。

3. 算式计算

输入 v＋算式,将得到对应的算式结果以及算式整体,例如:

如此一来,遇到简单计算时,可以不用打开计算器,直接用搜狗拼音输入法帮助计算。

4. 函数计算

除了＋、一、＊、/运算之外,搜狗拼音输入法还能做一些比较复杂的运算,例如:

目前,搜狗拼音输入法 v 模式支持的运算/函数如图 3－5 所示。

```
v2^3        ⓘ 更多帮助  S
a. 8
b. 2^3=8
◄►
```

函数名	缩写	函数名	缩写
加	+	开平方	sqrt
减	−	乘方	^
乘	*	求平均数	avg
除	/	方差	var
取余	mod	标准差	stdev
正弦	sin	阶乘	!
余弦	cos	取最小数	min
正切	tan	取最大数	max
反正弦	arcsin	以e为底的指数	exp
反余弦	arccos	以10为底的对数	log
反正切	arctan	以e为底的对数	ln

如：v3+2

图 3-5

5. 特殊符号快捷入口 v1—v9

只需输入 v1—v9 就可以像打字一样翻页选择想要的特殊字符了。v1—v9 代表的特殊符号快捷入口分别是：

v1 标点符号

v2 数字序号

v3 数学单位

v4 日文平假名

v5 日文片假名

v6 希腊/拉丁文

v7 俄文字母

v8 拼音/注音

v9 制表符

项目 4　计算机中文录入的提速

- **知识目标**

  掌握计算机速录提速要领

- **技能目标**

  1. 高频字 60 字/分钟以上
  2. 高频词 80 字/分钟左右
  3. 计算机速录测评练习 80—100 字/分钟

任务 1　常用高频字的强化练习

- **任务分析**

国家语言文字工作委员会推出了 1000 个常用高频字,其中:

- 最最常用字 42 个——字频 25%
- 最常用字 100 个——字频 40%
- 次常用字 300 个——字频 50%
- 次常用字 500 个——字频 78%
- 常用字 1000 个——字频 90%

如图 4-1—图 4-3 所示。

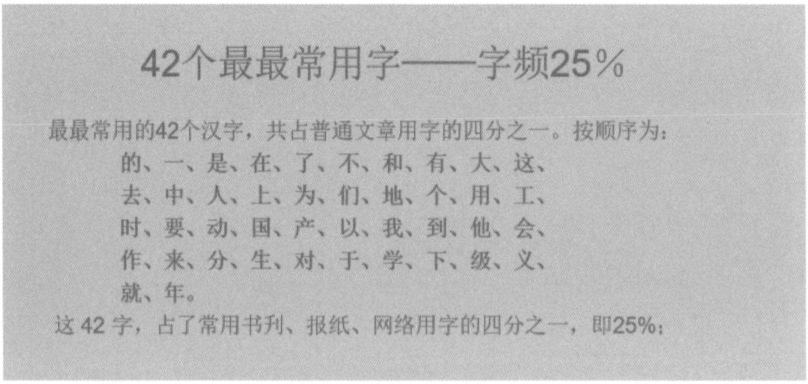
42个最最常用字——字频25%
最最常用的42个汉字，共占普通文章用字的四分之一。按顺序为：
的、一、是、在、了、不、和、有、大、这、
去、中、人、上、为、们、地、个、用、工、
时、要、动、国、产、以、我、到、他、会、
作、来、分、生、对、于、学、下、级、义、
就、年。
这 42 字，占了常用书刊、报纸、网络用字的四分之一，即25%；

图 4-1

100个最常用字——字频40%

附录：最常用的100个汉字，字频40%。按顺序为：

的一国在人了有中是年
和大业不为发会工经上
地市要个产这出行作生
家以成到日民来我部对
进多全建他公开们场展
时理新方主企资实学报
制政济用同于法高长现
本月定化加动合品重关
机分力自外者区能设后
就等体下万元社过前面

图 4-2

300个次常用字——字频50%

的一了是我不在人们有　来他上着个地到大里　先力完问却站代员机更
说就去子得也和那要下　看天时过出小么起你都　少直意夜比阶连车重便
把好还多没为又可家学　只以主会样年想能生同　者于石满日决百原拿群
老中十从自面前头道它　后然走像见两用她国　八难早论吗根共让相研
动进成回什边作对开而　己些现山民候经发工向　步反处记将千找争领或
事命给长水几义三声于　高正妈手知理眼志点心　九您每风级跟笑啊孩万
战二问但身方实吃做叫　当住听革打哪真党全才　斗马哪化太指变社似士
四已所敌之最光产情路　分总条白话东席次亲如　究各六本思解立河爸村
被花口放儿常西气五第　使写军吧文运再果怎定　今其书坐接应关信觉死
许快明行因别飞外树物　活部门无往船望新带队　师结块跑谁草越字加脚

图 4-3

常言道,打蛇要打七寸——打字练习也要抓住重点,要强化、集中精力练好这些常用高频字。

双拼脚本练习,专门设置了常用字练习。实践证明,这对大家今后文章录入速度的提高会起到非常重要的作用。

- **任务实施**

　● STEP1. 双拼进阶——常用字练习 A

打开双拼脚本练习软件,进入"1 脚本_双拼进阶",选择"1-4 常用字练习A",如图 4-4 所示。

　● STEP2. 双拼进阶——常用字练习 B

打开软件,进入"1 脚本_双拼进阶",选择"1-5 常用字练习 B",如图 4-5所示。

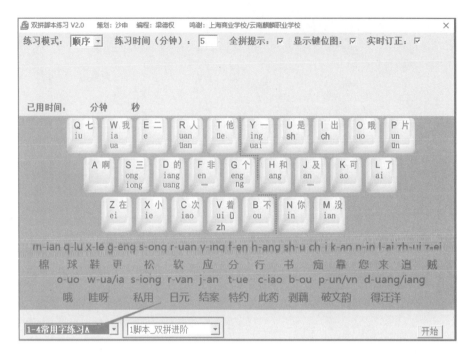

图 4 - 4

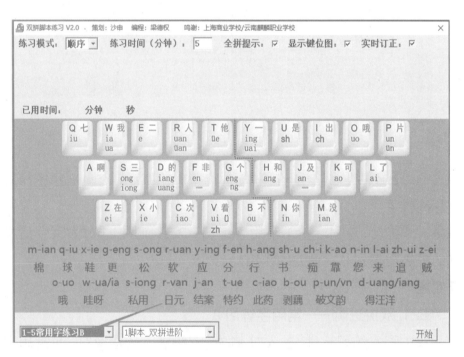

图 4 - 5

● STEP3. 双拼进阶——常用字练习 C

打开软件,进入"1 脚本_双拼进阶",选择"1 - 6 常用字练习 C",如图 4 - 6
所示。

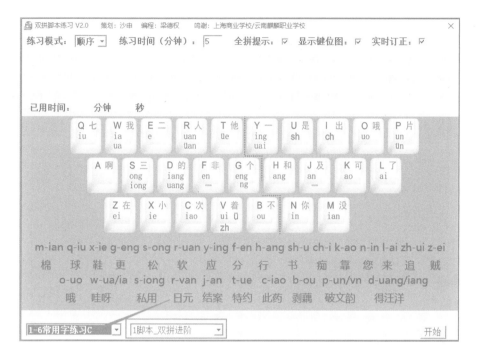

图 4-6

● **STEP4.常用字练习的几个要点**

（1）常用字中前 42 字、前 100 字、前 300 字是重中之重；

（2）采用"随机"模式才是真本领；

（3）形成条件反射是关键；

（4）巧用"订正"出效果。

任务2　高频二字词练习——两个"二八定律"

● **任务分析**

近年来,通过大数据分析,人们发现:在文章中,单字只占了 20％,词组占了 80％,这就是第一个"二八定律";而大量的各类词组中,三字及以上词组只占了 20％,二字词组占了 80％,这就是第二个"二八定律"。但是,二字词组又是海量的,无法记忆,怎么办？通过网络大数据进一步分析,人们找到了 1 000 个常用高频二字热词。

要把文章打好、打准、打快,练好 1 000 个常用高频二字词非常重要。

● **任务实施**

● **STEP1.双拼提速——高频二字词练习 A**

打开双拼脚本练习软件,进入"2 脚本_双拼提速",选择"2-1 高频二字词练习 A",如图 4 - 7 所示。

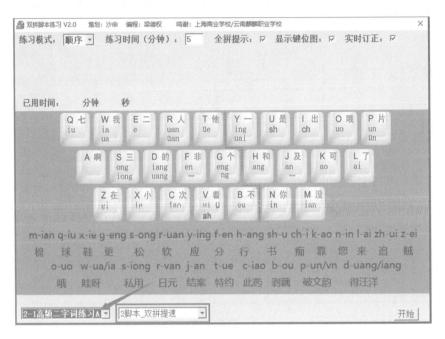

图 4 - 7

- ● STEP2.双拼提速——高频二字词练习 B

打开软件,进入"2 脚本_双拼提速",选择"2 - 2 高频二字词练习 B",如图
4 - 8 所示。

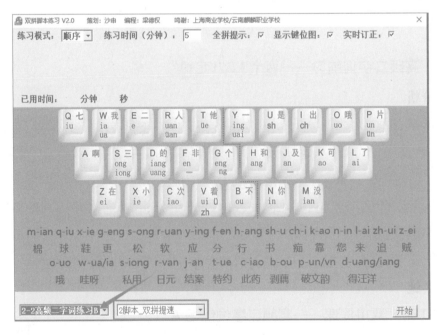

图 4 - 8

● STEP3. 双拼提速——高频二字词练习 C

打开软件,进入"2 脚本_双拼提速",选择"2－3 高频二字词练习 C",如图 4－9 所示。

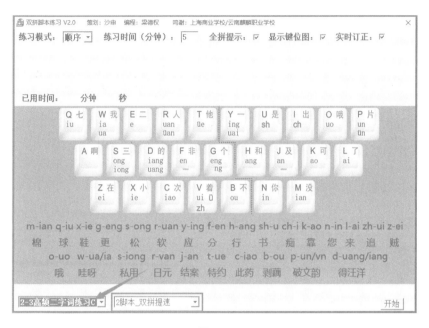

图 4-9

● STEP4. 双拼提速——高频二字词练习 D

打开软件,进入"2 脚本_双拼提速",选择"2－4 高频二字词练习 D",如图 4－10 所示。

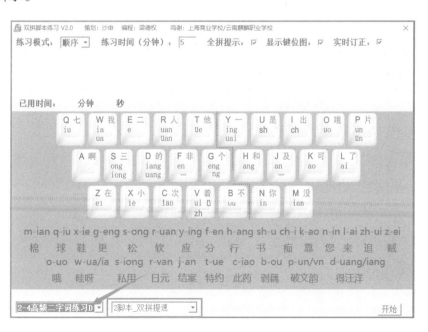

图 4-10

● STEP5. 双拼提速——高频二字词练习 E

打开软件,进入"2 脚本_双拼提速",选择"2-5 高频二字词练习 E",如图 4-11 所示。

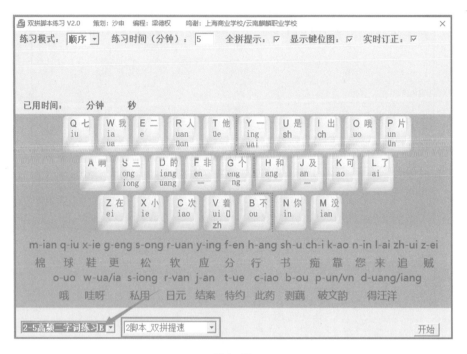

图 4-11

任务 3　80—100 字/分钟速度的练习——音准、键快、句上屏

● 任务分析

音准是前提。速录是一门听音记音的技术。唯有音准,才能把听到的音节码准确无误地记录下来。否则,差错不断,句上屏无法实现。

键快是基础。不管哪种输入法,快速的键盘技术是基础。条件反射的盲打是在听音记音中不经意间形成的。

句上屏是智能输入法技术的核心。弄清楚它的规律,就能大大减轻劳动强度,表达得更快速、更准确。

本任务中,将指导大家学会使用速录测评软件,并通过 10 个练习帮助大家努力达到 80—100 字/分钟的录入水平。达到这个速度,今后日常的文案处理工作应该会提速不少。

● 任务实施

● STEP1. 速录测评——软件应用入门

以管理员身份启动速录测评软件,出现如图 4 - 12 所示界面。

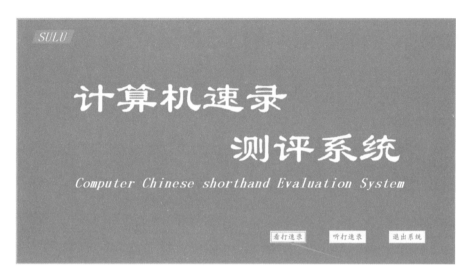

图 4 - 12

点击"看打速录"按钮,然后按照图 4 - 13 所示的操作步骤在系统的右半边,对照左半边的"样张"进行录入。

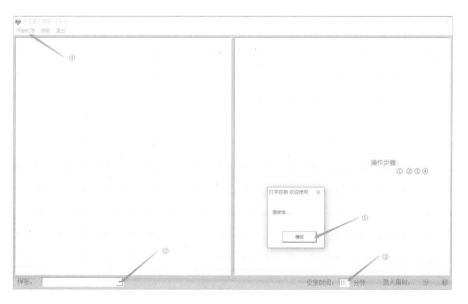

图 4 - 13

时间一到,系统就会进行自动判卷,不仅给出成绩(速度、准确率),还会对录入的详细情况(错、漏和多)进行具体的分析(用不同的颜色比对出来)。最后,系统还会在目录中给出每次练习的成绩表单(cj.csv 文件),忠实记录练习的时间日期、题目、速度、准确率、退格、击键、码长等一系列详尽的数据,供分析研究。

更加重要的是,在系统目录中,软件程序用一个 BUG 文件,在后台智能地记录下了每次练习中具体的错字、漏字和多字。这样,对自己练习的订正就更有针对性。

还可以把这些 BUG 收集起来,做成自己个性化的错字集,集中精力进行反复打练,如图 4-14 所示。

便:变	再:在	只:之	又:有	是:时
矛盾:铆钉		检察:监察		
以告知:已告知		中国化:中国画		
政法:政发		截至:截止		
世纪:实际		治理:智力		
偕行:写信		百年:报年		
为实现:未实现		境界:经济		
保险:包销		商事:上市		
疑惑:易货		由衷:有中		
欣喜:信息		军属:均属		
主体:主题		豪情:高清		
发表:发辩		调解:调节		
世人:熟人		机构:及购		
责任:则人		商事:上市		
继续:聚徐		路径:途径		
浩荡前行:好当前京		批复:皮肤		
顽癍痼疾:万占估计		既是:即使		
倍受鞭策:备受鞭策		明确:明却		
内容翔实:内容详实		紧扣:进口		
覆盖之广:覆盖之光		咬定:要定		

图 4-14

系统中给出的 CJ 文件,是探究自己计算机速录水平及提速的重要依据,如图 4-15 所示。

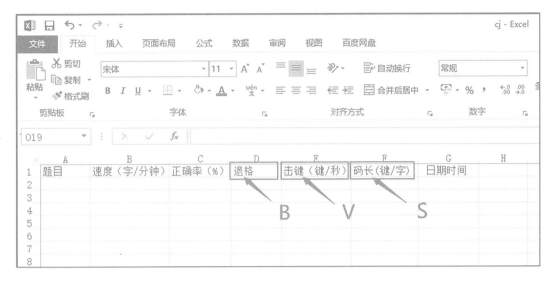

图 4 - 15

V、S、B 三个要素构成了一个人打字的基因。实践证明,这三个要素的指标是提速的依据和方向。

- STEP2.**速录测评——看打模式**

打开速录测评软件,在"看打模式"下练习。

本软件友好互通,允许大家把自己认为需要练习的文章放在此软件界面上进行练习,只要将自己的文本文件放在 TEXT 目录中即可。

- STEP3.**速录测评——听打模式**

听打和看打是不一样的两种打字的方法:看打是视觉到触觉的转换;听打是听觉到触觉的转换,需听音记音。这不仅考量打字的速度,还考量听的能力以及文字功底。所以,听打速录才是速录工作者最主要的工作模式。

本软件设置的"听打模式"可以自选各个阶段的练习和测评。目前,内置的音频文件,是专为听打入门练习所用,语速为 80—100 字/分钟左右。练习者也可以把自己需要的听打练习素材导入到本软件的相关目录中,注意音频 mp3 格式文件和标准文稿 txt 格式文件同名问题即可。

为了使练习者更顺利地进入听打入门的状态,软件中专门设置了一些高频二字词组的听打练习,速度比较人性化地从慢到快循序渐进,帮助和引导练习者逐步适应听打环境。这些练习素材的目录如图 4 - 16 所示。

- STEP4.**速录测评——短文听打**

下面将要进行"听打速录"中的短文听打。素材中的语速,选择的是 80～

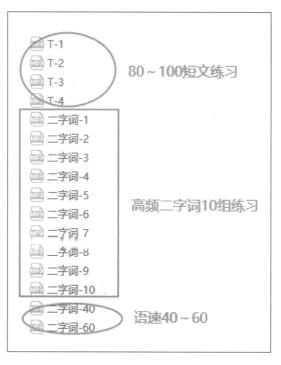

图 4 – 16

100 字/分钟左右。

（1）和看打不同的是，在听录音的时候千万不要听到一两个字就忙着记录下来，而是应该听懂一句话或听懂一个意群再打。这也是在讲解看打时，反复提出的要按意群打字。养成了这样的习惯，学听打就比较容易入门。

（2）按意群记录，前后文之间的逻辑关系就很清晰，不容易发生丢三落四的情况。看打的基础和智能句录入均可以帮助避免许多同音字差错。如果是现场演讲、谈话类的素材，会有不少不必要的口水词，也能主动地过滤掉。

（3）记录过程中，要注意抓大局。不要因为一个字、一句话没有听清、记下来，或者某个字一下子卡住，而把后面的一大片都丢掉了。这是得不偿失的。

（4）善于运用软件的自动阅卷功能，从文本的对比中和 BUG 文件的积累中，有针对性地进行订正，反复打练，积累经验。

● **STEP5. 听打入门——现场听打记录**

上面的短文听打语速太过于均匀，与真实的讲话大相径庭。在实际生活和工作中，其实还是亲临现场的记录比较多。也就是说，在学习听打速录的一开始，就应该多学习和接触现场听打。

在这里，我们推荐了一些在实践中有较好效果的素材给大家分享。

1. 视频听打《让我们荡起双桨》

《让我们荡起双桨》是乔羽先生作词,刘炽先生作曲,刘惠芳演唱的歌曲。该曲是 1955 年拍摄的少儿电影《祖国的花朵》的主题曲,之后还编入了小学的语文教科书中。

让我们荡起双桨,
小船儿推开波浪。
海面倒映着美丽的白塔,
四周环绕着绿树红墙。
小船儿轻轻,飘荡在水中
迎面吹来了凉爽的风。

红领巾迎着太阳,
阳光洒在海面上,
水中鱼儿望着我们,
悄悄地听我们愉快歌唱。
小船儿轻轻,飘荡在水中
迎面吹来了凉爽的风。

做完了一天的功课,
我们来尽情欢乐,
我问你亲爱的伙伴,
谁给我们安排下幸福的生活。
小船儿轻轻,飘荡在水中
迎面吹来了凉爽的风。

2. 视频听打《同一首歌》

《同一首歌》是 1990 年北京亚运会开幕式片头曲,是大家喜闻乐见的优秀歌曲。当熟悉的旋律、熟悉的歌声响起,伴随着动听的歌声,用键盘记录下感人的歌词:

鲜花曾告诉我你怎样走过,大地知道你心中的每一个角落。
甜蜜的梦啊谁都不会错过,终于迎来今天这欢聚时刻。

水千条山万座我们曾走过,每一次相逢和笑脸都彼此铭刻。

在阳光灿烂欢乐的日子里,我们手拉手啊想说的太多。

星光洒满了所有的童年,风雨走遍了世间的角落。

同样的感受给了我们同样的渴望,同样的欢乐给了我们同一首歌。

阳光想渗透所有的语言,春天把友好的故事传说。

同样的感受给了我们同样的渴望,同样的欢乐给了我们同一首歌。

同一首歌

全文共 202 个字,时长 3 分多钟,平均语速仅 60—70 字/分钟。用视频来学习听打,比音频更有亲临现场的画面感。作为初学者,完全可以把这些通俗易懂的歌词记录下来。关键是要掌握"听则能懂、懂则能打、打则成文、文准意达"的原则。需要注意的是,现场歌手与群众互动的一些对话,是没有必要记录下来的。

在听打入门阶段,练习者也可以选择一些自己喜爱的歌曲导入到软件中进行打练,提高自己的兴趣和能力。

● **项目小结**

本项目重点讲解了高频字、高频词,逐步实现 80—100 字/分钟速度水平的相关知识和练习,以及速录测评软件。

模块三　提速篇

《速录师国家职业标准》分为三级：初级（速录员）、中级（速录师）、高级（高级速录师）。本模块提供的各级题库将助你通往未来计算机速录师职业之路。

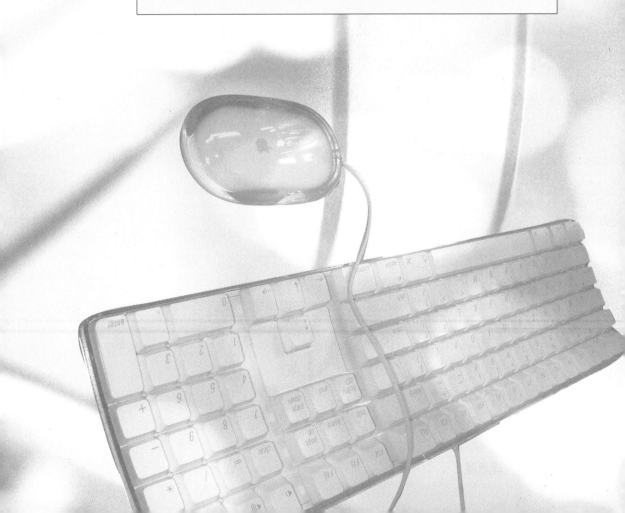

项目 5　计算机中文速录师练习与测评——向速录师进阶

- **知识目标**

　　1. 进一步理解和掌握听打速录的方法和技巧

　　2. 理解在实际工作现场进行听打速录时应注意的事项

　　3. 了解在实际工作现场进行听打速录的记录方式

- **技能目标**

　　能够熟练地对语音信息进行听打速录,达到各级别要求:

- 初级(速录员):以不低于 140 字/分钟的速度对口述、询问、讨论等语音信息进行采集,准确率不低于 95%

- 中级(速录师):以不低于 180 字/分钟的速度进行语音信息现场实时采集,准确率不低于 95%

- 高级(高级速录师):以不低于 220 字/分钟的速度进行语音信息现场实时采集,准确率不低于 95%

任务 1　初级速录师练习与测评(140 字/分钟)

- **任务分析**

　　按照人力资源和社会保障部对初级速录师(速录员)的考核标准,要求能以不低于 140 字/分钟的速度对口述、询问、讨论等语音信息进行采集,准确率不低于 95%。

　　初级速录师题库共有 40 题,每题录音时长为 10 分钟,语速为 140 字/分钟。可以把题目素材导入到速录测评软件中,充分利用该软件的智能阅卷评分系统,进行反复练习和测评,以使自己更快达到初级速录师的水平。

- **任务实施**

　　在练习过程中,可以不按题目顺序练习,但每道题目都要反复练习,并且测评全部过关,才能进入中级速录师题库的练习和测评。

　　在进行听打记录时,要注意以下几点:

1. 听懂句子内容(意群)再打

　　听不全整句内容,容易出现两种问题:一是常常捡了芝麻丢了西瓜,不会取重点,为了眼前无足轻重的字而漏掉关键词和主体内容;二是容易产生丢字恐慌症,往往因为一个字就丢了一句话,因为一句话就丢了一大片,就像多米诺骨牌一样,一倒一大片。

2. 宁可丢次要内容,不要丢关键点

在听打过程中,当速度跟不上时,宁可丢次要内容,不要丢主要内容,尤其不要丢关键点,关键点包括:标题(主题)、时间、地点、人物、数字、新概念、要点、关键词、过程(怎么样、是什么)、结果。

3. 切忌采用跟字打

如果听字就打,往往会搞不清整句意思,容易造成用字、用词不当,而且单字跟打时间宽裕度很小,经常会来不及。因此,跟不上时千万不要盯着单个字打,而是要盯着句子的内容打。

任务 2　中级速录师练习与测评(180 字/分钟)

● 任务分析

按照人力资源和社会保障部对中级速录师(速录师)的考核标准,要求能以不低于 180 字/分钟的速度进行语音信息现场实时采集,准确率不低于 95%。

中级速录师题库共有 40 题,每题录音时长为 15 分钟,语速为 180 字/分钟。可以把题目素材导入到速录测评软件中,充分利用该软件的智能阅卷评分系统,进行反复练习和测评,以使自己更快达到中级速录师的水平。

● 任务实施

在练习过程中,可以不按题目顺序练习,但每道题目都要反复练习,并且测评全部过关,才能进入高级速录师题库的练习和测评。

速录师平时在实际工作现场实时采集语音信息时,通常都会提前获知要记录的主题内容及相关背景,并且允许后期校对和修改,因此在练习时要注意以下几点:

1. 提前了解记录内容的主题及背景

本套题库的大部分内容都是访谈和对话,涉及不少人名和访谈的背景,上海市职业技能计算机速录考评专家组认为在考评前应有对该题 5 分钟的背景讲解和说明。可以提前了解一下涉及的主题及背景,以及出现的人名、地名、关键词等信息。

计算机文字录入与速录——智能双拼

2. 巧用同音字、词记录信息

当听打速度跟不上语音速度时,要学会尽量用同音的字词将听到的语音信息记录完整,以方便后期根据已经记录的上下文进行校对和修改。

当然,最关键的还是要注意提高听打的一次性准确率,即尽量在整篇文章的听打过程中不进行修改。只有一次性准确率提高了,才能证明击键准确率高,听打操作水平高。

任务3 高级速录师练习与测评(220 字/分钟)

● 任务分析

按照人力资源和社会保障部对高级速录师的考核标准,要求能以不低于220 字/分钟的速度进行语音信息现场实时采集,准确率不低于95%。

高级速录师题库共有 40 题,每题录音时长为 10 分钟,语速为 220 字/分钟。可以把题目素材导入到速录测评软件中,充分利用该软件的智能阅卷评分系统,进行反复练习和测评,以使自己更快达到高级速录师的水平。

● 任务实施

在练习过程中可以不按题目顺序练习,但每道题目都要反复练习,并且测评全部过关,才算达到对高级速录师的速度和准确率要求。

听打速录在实际工作中,依场合和需要不同,其记录方式也会有所不同,常见的听打记录方式包括以下几种:

1. 专业方式:全文跟打

全文跟打的应用场合一般是专业速录场合,例如重要会议的发言、网上直播、名人演讲等。全文跟打不是全文跟字打,而是听懂了句子内容(意群)后再打,真正的高级速录师在全文跟打过程中能够做到成句听打和压句打。

2. 企事业单位应用最广的方式:内容记录

内容记录方式不要求对发言人的每句话、每个字都作记录,而是要求对发言的内容作记录。对重复的语言可以不记录,对啰嗦的语言可以精练,对与主题无关的话可以不记。在记录速度不够的情况下,可以略去次要的、修饰的、非关键的成分。

好的内容记录标准是:主题突出、结构清晰、语言精练流畅、无关键点遗漏。

内容记录方式是日常会议记录中最常用的。这种方式浓缩而不失精华,精练而不失关键,观点鲜明、阐述清晰。一个好的内容记录远胜过一个啰嗦的、无条理的、主次不明的全文跟打记录。

好的内容记录需要的不仅是手的速度,更是概括力强、文学功底深厚、反应灵敏、条理清晰的头脑。

3. 摘录

这种方式要求纲目清楚,关键点突出、无遗漏,一目了然。

真正的计算机速录以服务社会各行业为宗旨,其语料包罗万象。因此,高级速录师不仅要有一门速录绝技,即手、耳、脑反应协调,速度快,更需要有扎实的文学功底和各类专业知识的积累。速录不仅仅是单纯的文字录入,它还需要速录师知识面广,有丰富的文学功底、文字归纳能力和一定的专业理解能力,这也是对速录师的综合素质要求。而综合素质的提高需要速录师自己日积月累地学习和积累,这也是有志于成为职业速录师的练习者在掌握速录技能之外需要付出努力的地方。

● 项目小结

本项目中提供的人力资源和社会保障部关于计算机速录师初级、中级、高级三个级别的考评题库,可根据自身需要进行练习。在题库练习和测评之外,还应该时刻做一个有心人,注意收集日常生活和工作中的各类视听素材来不断练习和提高自己的听打速录能力。

此外,还要不断提高自身综合素质,增加文学功底、文字概括能力,扩大知识面,使自己能够胜任速录师工作。

虽然,速录学习和练习之旅在此告一段落,但如果未来想成为一名专业的速录师,目前所掌握的速录技能只是一个阶段性的成果,后面必须在速录师的工作岗位中不断磨练自己的技能,才能获得真正的成长。

最后,祝愿大家都能通过自己的坚持和不懈努力,早日成为一名合格的速录师!